全国安全生产标准化培训宣贯系列教材

工贸企业安全生产标准化建设指南

《全国安全生产标准化培训教材》编委会

刘言刚　主编

图书在版编目(CIP)数据

工贸企业安全生产标准化建设指南/刘言刚主编.
北京:气象出版社,2012.9
ISBN 978-7-5029-5550-2

Ⅰ.①工… Ⅱ.①刘… Ⅲ.①企业管理-安全生产-标准化-指南
Ⅳ.①X931-65

中国版本图书馆 CIP 数据核字(2012)第 195325 号

出版发行:气象出版社
地　　址:北京市海淀区中关村南大街 46 号　　**邮政编码**:100081
总 编 室:010-68407112　　**发 行 部**:010-68407948　68406961
网　　址:http://www.cmp.cma.gov.cn　　**E-mail**:qxcbs@cma.gov.cn
责任编辑:彭淑凡　郭健华　　**终　　审**:上官夫旺
封面设计:燕　彤　　**责任技编**:吴庭芳
印　　刷:北京奥鑫印刷厂
开　　本:787 mm×1092 mm　1/16　　**印　　张**:11.5
字　　数:287 千字
版　　次:2012 年 9 月第 1 版　　**印　　次**:2012 年 9 月第 1 次印刷
定　　价:28.00 元

目 录

第1章 安全生产标准化概述

本章主要内容：

- 介绍了安全生产标准化的定义、特点、意义，并澄清了安全生产标准化与其他容易混淆概念的区别

学习要求：

- 掌握安全生产标准化的定义和实质
- 理解安全生产标准化的意义，积极推动企业安全生产标准化建设

1.1 安全生产标准化

1.1.1 安全生产标准化的概念

企业安全生产标准化是指通过建立安全生产责任制，制定安全管理制度和操作规程，排查治理隐患和监控重大危险源，建立预防机制，规范生产行为，使各生产环节符合有关安全生产法律法规和标准规范的要求，人、机、物、环处于良好的生产状态，并持续改进，不断加强企业安全生产规范化建设。

这一定义涵盖了企业安全生产工作的全局，从建章立制、改善设备设施状况、规范人员行为等方面提出了具体要求，实现了管理标准化、现场标准化、操作标准化，是企业开展安全生产工作的基本要求和衡量尺度，是企业夯实安全管理基础、提高设备本质安全程度、加强人员安全意识、建设安全生产长效机制的有效途径。

安全生产标准化体现了“安全第一、预防为主、综合治理”的方针和“以人为本”的科学发展观，强调企业安全生产工作的规范化、科学化、系统化和法制化，强化风险管理和过程控制，注重绩效管理和持续改进，符合安全管理的基本规律，代表了现代安全管理的发展方向，是先进安全管理思想与我国传统安全管理方法、企业具体实际的有机结合，将有效提高企业安全生产水平，从而推动我国安全生产状况的根本好转。

1.1.2 安全生产标准化的建立思想

安全生产标准化是安全生产理论创新的重要内容，是科学发展、安全发展战略的基础工作，是创新安全监管体制的重要手段。在全面推进安全生产标准化建设的工作中，要坚持“政府推动、企业为主，总体规划、分步实施，立足创新、分类指导，持续改进、巩固提升”的建设原则。

1. 政府推动、企业为主

安全生产标准化是将企业安全生产管理的基本要求进行系统化、规范化，使得企业安全生产工作满足国家安全法律法规、标准规范的要求，是企业安全管理的自身需求，是企业落实主体责任的重要途径，因此创建的责任主体是企业。在现阶段，许多企业自身能力和素质还达不到主动创建、自主建设的要求，需要政府的帮助和服务。政府部门在企业安全生产标准化建设中的职责就是通过出台法律、法规、文件以及约束奖励机制政策，加大舆论宣传，加强对企业主要负责人理解和掌握安全生产标准化内涵和意义的培训工作，推动企业积极开展安全生产标准化建设工作，建立完善的安全管理体系，提升本质安全水平。

2. 总体规划、分步实施

安全生产标准化工作是落实企业主体责任、建立安全生产长效机制的有效手段，各级安全监管部门、负有安全监管职责的有关部门必须摸清辖区内企业的规模、种类、数量等基本信息，根据企业大小不等、素质不整、能力不同、时限不一等实际情况，进行总体规划，做到全面推进、分步实施，使所有企业都行动起来，在扎实推进的基础上，逐步进行分批达标。防止出现“创建搞运动，评审走过场”的现象。

3. 立足创新、分类指导

在企业安全生产标准化创建过程中，重在企业创建和自评阶段，要建立健全各项安全生产制度、规程、标准等，并在实际中贯彻执行。各地在推进安全生产标准化建设过程中，要从当地的实际情况出发，创新评审模式，高质量地推进安全生产标准化建设工作。

对无法按照国家安全生产监督管理总局已发布的行业安全生产标准化评定标准进行三级达标的小微企业，各地可创造性地制定地方安全生产标准化小微企业达标标准，把握小微企业安全生产特点，从建立企业基本安全规章制度、提高企业员工基本安全技能、关注企业重点生产设备安全状况及现场条件等角度，制定达标条款，从而全面指导小微企业开展建设达标工作。

4. 持续改进、巩固提升

安全生产标准化的重要步骤是创建、运行和持续改进，这是一项长期工作。外部评审定级仅仅是检验建设效果的手段之一，不是标准化建设的最终目的。对于安全生产标准化建设工作存在认识不统一、思路不清晰的问题，一些企业甚至部分地方安全监管部门认为，安全生产标准化是一种短期行为，取得等级证书之后安全生产标准化工作就结束了，这种观点是错误的。企业在达标后，每年需要进行自评工作，通过不断运行来检验其建设效果。一方面，对安全生产标准一级达标企业要重点抓巩固，在运行过程中不断提高发现问题和解决问题的能力；二级企业着力抓提升，在运行一段时间后鼓励向一级企业提升；三级企业督促抓改进，对于建设、自评和评审过程中存在的问题、隐患要及时进行整改，不断改善企业安全生产绩效，提升安全管理水平，做到持续改进。另一方面，各专业评定标准也会按照我国企业安全生产状况，结合国际上先进的安全管理思想不断进行修订、完善和提升。

1.1.3 安全生产标准化的时代需求

历史进入 21 世纪，中国的经济发展也进入了国际经济快车道，全球经济一体化和现代工业大生产对我国的安全生产管理提出了新的要求。党的十六大提出全面建设小康社会的奋斗目标，并要求进一步建成完善的社会主义市场经济体制，同时还作出了建设更具活力、更加开放的经济体系的战略部署。其中，社会全面发展的内容，就包括建立一套完整、有效的安全生产保障体系。其中，安全生产管理必须融入企业的生产运行和质量管理系统，必须要形成集约化的管理网络，因此，不论是企业还是政府行政管理，与职业安全健康有关的标准化工作日显重要。

按照“安全第一，预防为主”的原则，建立有效的安全生产监控体系，是安全生产监督管理的长期方向。目前的主要工作，一是辨识、普查重大危险源，开展重大建设项目（工程）的安全评价，包括对高危险性生产企业的安全现状评价和其他各种专项安全评价；二是抓危险化学品生产、经营、储存、运输的注册、登记，实施针对性的强化管理；三是在煤炭、电力、化工、机电等规模产业推行安全生产标准化工作；四是汲取国外先进管理经验，以认证方式促进用人单位建立职业安全健康管理体系等。

《安全生产法》的颁布施行，更是对企业的安全管理提出了很多细节的要求。可是在安全生产相关法律法规的执行方面，却出现了“漏项”。企业的最大目标是获取最大的剩余价值，在市场竞争的过程中，企业采取了两种手段：一是加大生产力，以追求产量为第一要素，一切行动围绕生产，一切其他行动为生产让步，不惜牺牲企业的其他方面，例如质量、安全等；二是尽量压缩成本，以最小的代价获取最大的利润，在压缩的项目中，其中就有很多安全管理的内容。例如厂房不符合安全要求，车间被当成了库房，车间设备处于病态运行，安全设备设施不到位，很多安全附件被拆除，很多压力表不符合国家要求，应该配备的安全管理人员没有配备，安全培训根本不执行等情况。面对企业纷杂的状况，只是指望安监部门执法，是无法完成的，不可能指望一两次罚款让企业进行全面的改善。这就造成了企业在安全管理方面存在很多的“欠债”。这样的“欠债”严重影响了我国安全生产法律法规的执行，严重影响了我国安全生产形势，严重影响了企业安全管理水平的提升，严重影响了我国经济发展形势对企业安全管理的要求。为了全面提升企业安全管理水平，让“欠债”的企业在安全管理水平上有较大提升，使企业迅速摆脱头疼医头、脚疼医脚的现象，摆脱不知道如何搞好安全生产的状况，促进企业全面地执行安全生产相关法律法规，国家安全生产监督管理总局集中我国大型国有企业安全生产的经验，集中我国安全管理学者的意见，把我国安全生产相关法律法规的要求糅合为一套安全管理体系，结合企业落实的特点，推出了“企业安全生产标准化”建设。我国的安全生产标准化建设不是凭空的杜撰，而是我国法律法规的落实；我国的安全生产标准化建设不是空洞的理论，而是我国企业安全管理经验的总结与积淀；我国的安全生产标准化建设不是简单的拼凑，而是学者的理论与企业的实践结合的产物。

1.1.4　安全生产标准化的特点

作为一个系统化的管理方式，安全生产标准化有以下重要的特点。

1. 突出法律法规的符合性，实施依法治理安全生产

安全生产法律法规是加强安全生产，改善劳动条件，保障劳动者在生产过程中的安全健康而采取的各种措施的法律规范总和，是指导人们安全生产的总则。有些企业的安全管

理在本身安全机构设置、安全责任分解、安全制度落实、设备设施的技术安全等方面都存在不符合国家法律法规要求的现象。安全生产标准化就是按照我国安全生产相关法律法规完善企业安全管理，促进企业的安全生产符合相关法律法规，是实施依法治理安全生产理念的充分体现。

2. 突出落实安全生产责任制

要搞好安全生产就必须落实安全生产责任制，这是多年来企事业单位安全生产实践经验的总结，是行之有效的安全管理手段。落实安全生产责任制，运用安全生产标准化手段建立健全以安全生产责任制为中心的安全管理体系，其关键是包括从最高领导到各个作业岗位操作人员的全体人员和各个管理部门都积极参与并承担相应责任，明确安全业务分工，明确在实现安全生产方针、目标过程中应做出什么贡献，承担什么责任，拥有什么权力，除了按要求在规定范围内做好本职工作外，同时监督他人和其他部门，也同时受他人和其他部门监督。企业要实行一把手负总责、党政工团齐抓共管的安全综合管理，形成横向到边、纵向到底的安全生产责任保障体系，才能把安全生产搞好。

3. 全员参与，全过程控制

安全生产标准化要求实施全过程控制。强调员工积极参与安全管理体系的建立、实施与持续改进的重要性是安全生产标准化的重要特点。安全生产标准化从隐患排查入手，分析可能造成事故的危险因素，根据不同情况采取相应的隐患治理方案；同时对安全管理体系进行完善，从记录、档案、制度等安全管理体系的各个方面进行修订。一部分通过完善安全管理体系，加强安全管理体系的执行力度，堵住危险因素的源头；另一部分，通过隐患排查，治理企业工艺过程、设备设施等存在的隐患，把隐患消除。通过全员参与隐患排查，全员参与安全管理制度的执行，全员参与危险因素分析，增强安全意识，提升安全管理水平，提升安全操作水平。通过对企业全过程的隐患排查，研究整个生产过程的危险因素；通过采取管理和工程技术措施，降低企业生产事故发生的概率，让一切风险做到可控。

4. 预防性

隐患排查治理、安全管理体系完善是安全生产标准化的精髓所在，它充分体现了“安全第一，预防为主，综合治理”的安全生产方针，它是企业安全管理水平持续改进的主要思想。可以说没有隐患排查治理、安全管理体系完善，安全生产标准化体系将成为无根之草和无的之矢。实施有效的隐患排查治理、安全管理体系完善，可实现对事故的预防和生产作业的全过程控制。对各种作业和生产过程实行隐患排查、风险评价，并在此基础上完善安全管理体系，对各种预知的风险因素做到事前控制，实现预防为主的目的，并对各种潜在事故制定应急预案，力争使损失最小化。

5. 持续改进

按 PDCA 运行模式所建立的安全生产标准化，在运行过程中，随着科学技术水平的提高，安全生产法律、法规及各项技术标准的完善，企业各级管理者及全体员工的安全意识的提高，会不断自觉地加大安全生产工作的力度，强化安全管理体系的功能，达到持续改进的目的。

1.1.5 安全生产标准化的着眼点

1. 以合法正确的指标诠释安全

一直以来，一个企业的安全管理是否到位，企业是否安全，往往以是否发生事故进行衡量。这种思想导致安全监管着重于抓是否发生事故，尤其是重特大事故，而忽视了如何指导企业提高本质安全和安全管理水平这一根本点，并常出现疲于“救急”和处理重特大事故的情况。而安全生产标准化是“企业安全管理制度、设备设施、运行控制符合国家法律法规并保持的过程”，其诠释安全是一种符合国家法律法规的状态，即标准化的程度，而不是发生事故。因此这也给企业进行日常安全管理指明了努力的方向和目标，即如何使“安全管理制度、设备设施、运行控制符合国家法律法规并始终保持”。

由此可以看出安全生产标准化考评专家对企业进行考评的着眼点和方法，即着眼于安全管理制度、设备设施、运行控制三个方面符合国家法律法规的程度及保持情况进行检查和考评，从这三个方面正面考评和打分，这也改变了以前从发生事故的负面影响进行考评的不科学方式。

2. 以管理体系的运行保证安全

安全生产标准化体系的每个要素所含的要求，都通过制度、文件、记录等形式得以体现，并最终构成了安全管理体系。体系建立不光是制度、文件和记录，更强调制度和文件的落实与执行，并通过记录加以表现，即要通过安全管理体系的运行，来保证安全。这与其他管理体系的思想是一致的，即“写所要求的，做所写的，记所做的”，体系要求的要素均要通过制度、文件得以体现，执行和运行情况均要通过记录得以反应。

从这一着眼点分析，考评专家首先注重制度、文件是否健全、明确，若无，则说明没有意识或无相关方面的能力，扣分就会较严重；若有，但通过记录检查发现执行情况不完善，则根据具体情况酌情扣分。

3. 以风险控制的主线维护安全

分析安全生产标准化体系的要素及持续改进的宗旨可以看出，“查找隐患，消除隐患”的风险控制主线贯穿于体系。即通过安全法律法规与标准，对管理、设施、人的行为查找隐患，想办法消除隐患。风险控制主线与人体健康体检非常相似，见图 1-1 所示。

人参加体检，通过医学标准对人体检查，查出问题或病情后，寻找治疗方案。企业安全管理，通过使用安全法规与标准进行辨识评价，辨识出危险源和隐患，寻找管理、整改方案。

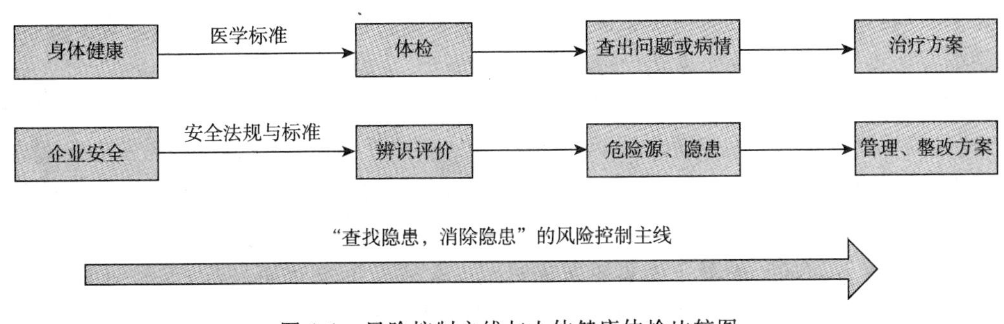

图 1-1 风险控制主线与人体健康体检比较图

考评专家逐一对照要素查找存在的问题和隐患，并打分和扣分。每个扣分点可以理解为隐患，即企业需整改提高的方向。

1.2 我国安全生产标准化的发展

1.2.1 我国安全生产标准化的发展历程

我国安全标准化是在煤矿质量标准化、煤矿安全质量标准化的基础上提出、发展而来的。

煤矿质量标准化是原煤炭工业部在总结山东省肥城矿务局开展煤矿质量标准化工作经验的基础上提出来的。1988年初，原煤炭工业部发出煤生字第1号文，在全国煤炭企业开展“质量标准化、安全创水平”活动，当时亦称之为“矿井质量标准化”工作。

煤矿安全质量标准化是国家煤矿安全监察局、中国煤炭工业协会总结了黑龙江省七台河矿业精煤(集团)公司的安全质量标准化工作的先进经验，通过2003年10月23日在黑龙江省七台河矿业精煤(集团)公司召开煤矿安全质量标准化现场会向全国推广的。为了将七台河“安全质量标准化”工作现场会的精神向全国推广，国家煤矿安全监察局、中国煤炭工业协会提出了《关于在全国煤矿深入开展安全质量标准化活动的指导意见》。

“安全质量标准化”概念的提出，是煤炭系统基层同志的一个创造，是建立在几十年质量标准化工作实践基础上的一次创新，既是对以往质量标准化工作的继承，也赋予了新的内涵。

2004年

1月9日，国务院发布《关于进一步加强安全生产工作的决定》(国发〔2004〕2号)，进一步明确提出要在全国所有工矿、商贸、交通运输、建筑施工等企业普遍开展安全质量标准化活动，并要求制定、颁布各行业的安全质量标准，以指导各类企业建立健全各环节、各岗位的安全质量标准，规范安全生产行为，推动企业安全质量管理上等级、上水平。

5月11日，国家安监局、国家煤矿安监局为了贯彻落实国发〔2004〕2号文件，切实加强基层和基础“双基”工作，强化企业安全生产主体责任，促使各类企业加强安全质量工作，建立起自我约束、持续改进的安全生产长效机制，提高企业本质安全质量工作，建立起自我约束、持续改进的安全生产长效机制，提高企业本质安全水平，推动安全生产状况的进一步稳定好转，提出了《关于开展安全质量标准化工作的指导意见》(安监管政法字〔2004〕62号)，对开展安全质量标准化工作进行了全面部署，提出了明确要求。

8月24日至25日，国家煤矿安全监察局在乌鲁木齐市召开“国有煤矿安全质量标准化工作座谈会”。这次座谈会，总结回顾了国有煤矿安全质量标准化工作，交流经验，安排部署下一阶段国有煤矿安全质量标准化工作。

9月16日至17日，国家安监局在郑州市召开“全国非煤矿山及相关行业安全质量标准化现场会”。会议中，部分地区和单位总结、交流了开展安全质量标准化工作的做法和经验，以及安全标准化工作的法规建设情况和下一步工作思路，并对进一步开展安全质量标准化工作提出了建议。

2004年国家安监局还召开了七省市机械行业安全质量标准化研讨会，就如何开展机械行业安全质量标准化工作进行了研讨，委托中国机械工业安全卫生协会组织专家起草《机械制造企业安全质量标准化考核评级办法》和《机械制造企业安全质量标准化评价标准》，并于2004

年11月在广州召开了机械制造企业安全质量标准化考核评级办法和评价标准研讨会。此外，国家煤矿安全监察局、中国煤炭工业协会组织编制《煤矿安全质量标准化标准及考核评级办法》，自2004年开始实施。

2005年

1月24日，国家安监局颁布《机械制造企业安全质量标准化考核评级办法》和《机械制造企业安全质量标准化考核评级标准》（安监管管二字〔2005〕11号）。

12月16日，国家安监总局印发《危险化学品从业单位安全标准化规范（试行）》和《危险化学品从业单位安全标准化考核机构管理办法（试行）》。

2010年

4月15日，国家安全生产监督管理总局批准《企业安全生产标准化基本规范》，标准编号：AQ/T 9006-2010，自2010年6月1日起施行。此项标准的发布，细致地指导了安全生产标准化的推行。

国家安全生产监督管理总局副局长孙华山就《企业安全生产标准化基本规范》发布实施答记者问，具体阐述了《企业安全生产标准化基本规范》深刻含义和特点。

7月19日，国务院颁发《关于进一步加强企业安全生产工作的通知》（国发〔2010〕23号），提出深入开展安全生产标准化建设。

8月20日，国家安全监管总局下达《关于进一步加强企业安全生产规范化建设严格落实企业安全生产主体责任的指导意见》（安监总办〔2010〕139号），对于企业安全生产规范化建设提出了八大类具体要求。

11月3日，国家安全监管总局、工业和信息化部关于危险化学品企业贯彻落实《国务院关于进一步加强企业安全生产工作的通知》的实施意见，提出全面开展安全生产标准化建设、持续提升企业安全管理水平。

2011年

2月14日，国家安全监管总局颁布《关于进一步加强危险化学品企业安全生产标准化工作的通知》（安监总管三〔2011〕24号）。

3月24日至25日，国家安全监管总局在广东省广州市召开全国工贸行业安全监管工作会暨安全生产标准化现场会。

4月22日，国家安全监管总局颁布《关于印发水泥企业安全生产标准化评定标准的通知》（安监总管四〔2011〕55号）。

5月3日，国务院安委会颁布《关于深入开展企业安全生产标准化建设的指导意见》（安委〔2011〕4号），全面详细地布置安全生产标准化的推进。

5月30日，国务院安委会办公室召开推进安全生产标准化工作（专题）视频会议，对安全生产标准化工作进行全面布置。

5月30日，国家安全监管总局、中华全国总工会和共青团中央联合颁布《关于深入开展企业安全生产标准化岗位达标工作的指导意见》（安监总管四〔2011〕82号）。

6月14日，国家安全监管总局在辽宁省沈阳市召开全国安全生产标准化建设示范试点城市创建工作座谈会。

6月15日至16日，国家安全监管总局在辽宁省沈阳市召开全国工贸企业安全生产标准化建设典型企业创建工作座谈会。

7月28日，国家安全监管总局颁布《关于印发纺织造纸食品生产企业安全生产标准化评定标准的通知》(安监总管四〔2011〕126号)。

8月2日，国家安全监管总局颁布《关于印发冶金等工贸企业安全生产标准化基本规范评分细则的通知》(安监总管四〔2011〕128号)。

8月4日，国家煤矿安全监察局颁布《关于开展煤矿安全质量标准化工作检查的通知》(煤安监行管〔2011〕26号)。

8月5日，国家安全监管总局颁布《关于印发有色重金属冶炼有色金属压力加工企业安全生产标准化评定标准的通知》(安监总管四〔2011〕130号)。

8月18日，国务院国资委制定了《中央企业安全生产标准化建设实施方案》，全面推进中央企业安全生产标准化建设。

8月25日，国家安全监管总局办公厅颁布《关于印发非煤矿山安全生产标准化评审工作管理办法的通知》(安监总厅管一〔2011〕190号)。

9月16日，国家安全监管总局办公厅下达《关于进一步做好冶金等工贸行业安全生产标准化典型企业创建工作的通知》(安监总厅管四〔2011〕160号)。

9月，国家安全监管总局与电监会联合印发了《关于深入开展电力企业安全生产标准化工作的指导意见》和《发电企业安全生产标准化规范及达标评级标准》。

9月16日，国家安全监管总局颁布《关于印发危险化学品从业单位安全生产标准化评审工作管理办法的通知》(安监总管三〔2011〕145号)。

9月27日，国家安全监管总局颁布《关于全面开展烟花爆竹企业安全生产标准化工作的通知》(安监总管三〔2011〕151号)。

10月，国家安全监管总局确定了鞍钢集团公司、宝钢集团有限公司、武汉钢铁(集团)公司、太原钢铁(集团)有限公司、中国铝业公司、云南锡业股份有限公司、中国建筑材料集团有限公司、安徽海螺集团有限责任公司、中国第一汽车集团公司、中国通用技术(集团)控股有限责任公司、中国北方机车车辆工业集团公司、中粮集团有限公司、山东太阳纸业股份有限公司、中国贵州茅台酒厂有限责任公司、四川宜宾五粮液股份有限公司、青岛啤酒股份有限公司、上海纺织控股(集团)公司、上海烟草集团有限责任公司、川渝中烟工业公司四川烟草工业有限责任公司、上海百联集团有限公司、广州百货企业集团有限公司、广东合捷国际供应链有限公司等22家企业作为全国工贸行业安全生产标准化创建典型企业。

11月3日，国家安全监管总局召开危险化学品从业单位安全生产标准化工作视频会。会议对《危险化学品从业单位安全生产标准化评审标准》进行了介绍说明，对《危险化学品从业单位安全生产标准化评审工作管理办法》进行了解读，部署了危险化学品从业单位安全生产标准化达标创建工作。

11月29日，全国工贸行业安全生产标准化建设示范城市和典型企业工作交流会议在北京召开。会议要求采取有力措施，更加注重实效，更加注重落实责任，更加注重政策措施到位，更加注重创新发展，以加强企业安全生产标准化建设为重要抓手，创新安全管理，推动企业转型升级。

12月9日，国家电监会、国家安全监管总局在山东济南联合召开全国电力安全生产标准化工作会议，贯彻落实《国务院关于进一步加强企业安全生产工作的通知》精神和国务院安委会关于安全生产标准化工作的要求，部署全面开展电力安全生产标准化工作。

为全面有效推进工贸行业企业安全生产标准化建设工作，国家安监总局举办数次工贸行业企业安全生产标准化建设培训班。

这里特别值得一提的是，近几年来，国家标准化管理委员会和国务院有关部门制定（修订）了近千项安全生产国家标准、行业标准，有力地促进了安全生产标准化的发展。

1.2.2　我国安全生产标准化的工作现状

1. 国务院总体部署，总局指导推动

国务院《关于坚持科学发展安全发展促进安全生产形势持续稳定好转的意见》（国发〔2011〕40号）要求“推进安全生产标准化建设。在工矿商贸和交通运输行业领域普遍开展岗位达标、专业达标和企业达标建设，对在规定期限内未实现达标的企业，要依据有关规定暂扣其生产许可证、安全生产许可证，责令停产整顿；对整改逾期仍未达标的，要依法予以关闭。加强安全标准化分级考核评价，将评价结果向银行、证券、保险、担保等主管部门通报，作为企业信用评级的重要参考依据”。

国务院《关于进一步加强企业安全生产工作的通知》对安全生产标准工作作出了部署，要求“全面开展安全达标。深入开展以岗位达标、专业达标和企业达标为内容的安全生产标准化建设，凡在规定时间内未实现达标的企业要依法暂扣其生产许可证、安全生产许可证，责令停产整顿；对整改逾期未达标的，地方政府要依法予以关闭”。

我国《安全生产“十二五”规划》要求“企业开展安全生产标准化达标工程。开展企业安全生产标准化创建工作。到2011年，煤矿企业全部达到安全标准化三级以上；到2013年，非煤矿山、危险化学品、烟花爆竹以及冶金、有色、建材、机械、轻工、纺织、烟草和商贸8个工贸行业规模以上企业全部达到安全标准化三级以上；到2015年，交通运输、建筑施工等行业（领域）及冶金等8个工贸行业规模以下企业全部实现安全标准化达标”。

国务院安委会《关于深入开展企业安全生产标准化建设的指导意见》（安委〔2011〕4号）提出了具体的目标任务，文件要求“在工矿商贸和交通运输行业（领域）深入开展安全生产标准化建设，重点突出煤矿、非煤矿山、交通运输、建筑施工、危险化学品、烟花爆竹、民用爆炸物品、冶金等行业（领域）。其中，煤矿要在2011年底前，危险化学品、烟花爆竹企业要在2012年底前，非煤矿山和冶金、机械等工贸行业（领域）规模以上企业要在2013年底前，冶金、机械等工贸行业（领域）规模以下企业要在2015年前实现达标。要建立健全各行业（领域）企业安全生产标准化评定标准和考评体系；进一步加强企业安全生产规范化管理，推进全员、全方位、全过程安全管理；加强安全生产科技装备，提高安全保障能力；严格把关，分行业（领域）开展达标考评验收；不断完善工作机制，将安全生产标准化建设纳入企业生产经营全过程，促进安全生产标准化建设的动态化、规范化和制度化，有效提高企业本质安全水平”。对实施方法和工作目标作出了明确要求。

国家安全监管总局逐步推出许多行业安全生产标准化考评办法、评审标准、评分细则，组织召开了各省级安全监管部门和中央企业安全管理部门参加的安全生产标准化宣贯会议、视频会议，并多次在创建、运行安全生产标准化成效显著的省份、企业召开安全生产标准化工作现场会，介绍地方安全监管部门推动及企业创建安全生产标准化的经验，用事实、成果和经验推动安全生产标准化工作。

2. 针对行业特点，加强制度建设

针对行业特点、生产工艺特征，国家安全监管总局组织力量，制定了煤矿、金属非金属矿山、冶金、机械等行业的评审标准和评分细则，初步形成了覆盖主要行业的安全生产标准化评定标准和评分办法。煤矿考核评级办法分为采煤、掘进、机电、运输、通风、地测防治水等六个专业，同时要求满足矿井百万吨死亡率、采掘关系、资源利用、风量及制定并执行安全质量标准化检查评比及奖惩制度等方面的规定；金属非金属矿山通过国际合作，借鉴南非的经验，围绕建设安全生产标准化的 14 个核心要素制定了金属非金属地下矿山、露天矿山、尾矿库、小型露天采石场安全生产标准化评分办法；危险化学品采用了计划(P)、实施(D)、检查(C)、改进(A)动态循环、持续改进的管理模式；烟花爆竹分为生产企业和经营企业两部分，制定了考核标准和评分办法；冶金、机械等工贸行业制定了 24 项评定标准。各地对相关评定标准作了分解细化，提出了实施细则，增强了标准的针对性和可操作性。

3. 出台配套措施，积极推动工作

各地高度重视，突出重点，稳步推进，摸索出了一些行之有效的经验和办法。部分省(区、市)专门成立了安全生产标准化领导小组，加强组织领导，明确各方面的职责；浙江省一些地市把安全生产标准化创建活动作为对各地政府安全生产目标考核、责任制考核的重要内容，并作为参评全省安全生产红旗单位、先进单位的基本条件之一；安排专项经费用于安全生产标准化工作。部分地区出台了有利于推动安全生产标准化发展的奖惩规定，如取得安全生产标准化证书的企业在安全生产许可证有效期届满时，可以不再进行安全评价，直接办理延期手续；在实施安全生产风险抵押金制度中，其存储金额可按下限缴纳；在安全生产评优、奖励、政策扶持等方面优先考虑。对达不到安全生产标准化建设要求的企业，取消其参加安全评优和奖励资格等。这些措施提高了企业开展安全生产标准化工作的积极性，有力推动了安全生产标准化创建工作。

4. 积极开展工作，取得初步成果

在相关行业安全生产标准化文件下发后，各地企业尤其是中央企业积极参加宣贯培训，组织文件学习，按照相关规定，对照标准严格自评，全面、系统地排查事故隐患，对发现的安全隐患，及时、认真地进行整改，并依托外部技术力量进行考评，达到了安全生产标准化的要求。

1.2.3 我国工贸企业安全生产标准化建设概况

2011 年以来，以加强法规标准建设为核心，以完善评定管理为保障，以强化业务培训为基础，以加快信息化管理为手段，以抓好典型示范为引领，找准切入点，抓准着力点，突破关键点，为工贸行业企业全面开展安全生产标准化建设打下了坚实基础，安全生产标准化建设已扩展到所有工贸行业，达标企业比例明显提高。2011 年新公告一级达标企业 83 家，新增二级、三级达标企业 1.03 万家，近 3 万余家企业正在进行评审。

1. 工贸行业企业安全生产标准化建设体系基本形成

国家安全监管总局起草了《工贸企业安全生产标准化建设管理规定》，印发了《国务院安委办关于深入开展全国冶金等工贸企业安全生产标准化建设的实施意见》等 6 个规范性文件。

各地按照要求,积极出台了一些地方性的规定和办法,特别是顺义、沈阳、宁波、诸城、广州等5个示范试点地区制定了一系列的激励约束政策措施,工贸行业企业安全生产标准化建设的政策法规体系初步形成。

制定并公告了工贸企业27项安全生产标准化评定标准,一些地方依据《安全生产标准化基本规范》,结合本地实际对评定标准进行了补充完善,工贸行业企业安全生产标准化建设的评定标准体系已基本建立。

制定了安全生产标准化考评办法和评审管理办法,明确规定了工贸企业考评的申请、受理、评审、审核、公告、证书和牌匾颁发等相关工作,对评审组织单位和评审单位提出了具体要求,并督促指导各地加强了考评体系建设。目前,全国经考核发证的一级企业评审员310人,评审专家331人。据不完全统计,各省(区、市)现有二级企业评审单位149家,评审人员2791人;三级企业评审单位208家,评审人员3165人。初步建立起工贸行业企业安全生产标准化建设的“专家库”。

全国工贸行业企业安全生产标准化建设信息管理系统一期工程已完成,具有网上申报、评审受理、公告发布、证书管理等基本功能,可进行一级、二级、三级考评的网上申办管理,实现了考评动态管理,提高了工作效率。

2. 广泛开展宣贯培训,营造安全生产标准化建设氛围

有关媒体开展了大量的安全生产标准化政策法规标准和典型经验的报道,多渠道宣传安全生产标准化建设的重要意义和具体要求。国家安全监管总局设立了安全生产标准化建设信息专刊,在政府网站设置了安全生产标准化建设和隐患排查治理体系建设专栏,组织开展了21期近3千名安全监管人员、省级师资、评审人员参加的安全生产标准化建设专题培训班。黑龙江、山东等省(区、市)组织开展了多形式、多层次、大规模的安全生产标准化建设业务培训工作。

3. 抓好典型示范,发挥示范引领作用

全国确定了5个示范地区和22家典型企业,要求创新安全生产标准化建设模式、考评机制、激励约束机制和安全监管机制,积累好的做法和经验,为全国全面开展安全生产标准化建设工作树立样板。5个示范地区以工贸企业安全生产标准化为切入点,全力推动各类企业的建设工作。全国多数省(区、市)结合实际,建立了安全生产标准化示范试点地区,在不同行业培育典型企业,树立二级、三级安全生产标准化企业标杆和样板。

通过开展标准化示范地区试点和树立典型企业,各地积累了许多宝贵的经验。加强组织领导,把标准化建设作为安全监管工作的重中之重,坚持政府推动、企业为主的原则,制定和落实各项保障措施,是标准化建设的关键所在;科学制定工作方案,明确创建目标任务,立足创新,分类指导,总体规划,分步实施,全力推进,是标准化建设的基本途径;制定和完善激励约束政策,调动各方面积极性,激发企业主动性,是标准化建设的重要手段;树立典型示范,积累创建经验,创新工作机制,不断破解难题,是标准化建设的重要方法;大力开展业务培训,加强技术支撑服务,提高工作效率和质量,是标准化建设的重要保障;广泛宣传发动,营造良好社会氛围,提高社会认可度,是标准化建设的重要基础。这些经验对于全面铺开安全生产标准化建设,实现全面安全达标,具有重要的指导作用和借鉴意义。

1.3 安全生产标准化的意义

开展企业安全生产标准化建设工作，是进一步落实企业安全生产主体责任，强化企业安全生产基础工作，改善安全生产条件，提高管理水平，预防事故，对保障生命财产安全有着重要的作用和意义。

1.3.1 落实企业安全生产主体责任的必要途径

国家有关安全生产法律法规明确要求，要严格企业安全管理，全面开展安全达标。企业是安全生产的责任主体，也是安全生产标准化建设的主体，要通过加强企业每个岗位和环节的安全生产标准化建设，不断提高安全管理水平，促进企业安全生产主体责任落实到位。

1.3.2 强化企业安全生产基础工作的长效制度

安全生产标准化建设涵盖了增强人员安全素质、提高装备设施水平、改善作业环境、强化岗位责任落实等各个方面，是一项长期的、基础性的系统工程，有利于全面促进企业提高安全生产保障水平。

1.3.3 政府实施安全生产分类指导、分级监管的重要依据

实施安全生产标准化建设考评，将企业划分为不同等级，能够客观真实地反映出各地区企业安全生产状况和不同安全生产水平的企业数量，为加强安全监管提供有效的基础数据。

1.3.4 有效防范事故发生的重要手段

深入开展安全生产标准化建设，能够进一步规范从业人员的安全行为，提高机械化和信息化水平，促进现场各类隐患的排查治理，推进安全生产长效机制建设，有效防范和坚决遏制事故发生，促进全国安全生产状况持续稳定好转。

1.3.5 提升企业安全管理水平的重要方法

安全生产标准化是在传统的质量标准化基础上，根据我国有关法律法规的要求、企业生产工艺特点和中国人文社会特性，借鉴国外现代先进安全管理思想，强化风险管理，注重过程控制，做到持续改进，比传统的质量标准化具有更先进的理念和方法，比国外引进的职业安全健康管理体系有更具体的实际内容，形成了一套系统的、规范的、科学的安全管理体系，是现代安全管理思想和科学方法的中国化，有利于形成和促进企业安全文化建设，促进安全管理水平的不断提升。

1.3.6 改善设备设施状况、提高企业本质安全水平的有效途径

开展安全生产标准化活动重在基础、重在基层、重在落实、重在治本。各行业的考核标准在危害分析、风险评估的基础上，对现场设备设施提出了具体条件，促使企业淘汰落后生产技术、设备，特别是危及安全的落后技术、工艺和装备，从根本上解决了企业安全生产的根本素质问题，提高企业的安全技术水平和生产力的整体发展水平，提高本质安全水平和保障能力。

1.3.7 预防控制风险、降低事故发生的有效办法

通过创建安全生产标准化，对危险有害因素进行系统的识别、评估，制定相应的防范措施，使隐患排查工作制度化、规范化和常态化，切实改变运动式的工作方法，对危险源做到可防可控，提高了企业的安全管理水平，提升了设备设施的本质安全程度，尤其是通过作业标准化，杜绝违章指挥和违章作业现象，控制了事故多发的关键因素，全面降低事故风险，将事故消灭在萌芽状态，减少一般事故，进而扭转重特大事故频繁发生的被动局面。

1.3.8 建立约束机制、树立企业良好形象的重要措施

安全生产标准化强调过程控制和系统管理，将贯彻国家有关法律法规、标准规程的行为过程及结果定量化或定性化，使安全生产工作处于可控状态，并通过绩效考核、内部评审等方式、方法和手段的结合，形成了有效的安全生产激励约束机制。通过安全生产标准化，企业管理上升到一个新的水平，减少伤亡事故，提高企业竞争力，促进了企业发展，加上相关的配套政策措施及宣传手段，以及全社会关于安全发展的共识和社会各界对安全生产标准化的认同，将为达标企业树立良好的社会形象，赢得声誉，赢得社会尊重。

1.4 安全生产标准化、安全标准、职业安全健康管理体系

1.4.1 安全生产标准化与安全标准的区别

1. 定义

安全标准：是指为保护人体健康，保障生命和财产的安全而制定的标准。安全标准一般有两种形式：一种是专门的安全标准；另一种是在产品标准或工艺标准中列出的有关安全的要求和指标。从标准的内容来讲，安全标准可包括劳动安全标准、锅炉和压力容器安全标准、电气安全标准和消费品安全标准等。安全标准一般均为强制性标准，由国家通过法律或法令形式规定强制执行。

安全生产标准化：是指通过建立安全生产责任制，制定安全管理制度和操作规程，排查治理隐患和监控重大危险源，建立预防机制，规范生产行为，使各生产环节符合有关安全生产法律法规和标准规范的要求，人、机、物、环处于良好的生产状态，并持续改进，不断加强企业安全生产规范化建设。

2. 内涵

安全标准：从广义讲，我国的安全生产法律体系，是由宪法、国家法律、国务院法规、地方性法规以及标准、规章、规程和规范性文件等构成的。在这个体系中，标准处于十分重要的位置，具有技术性法律规定的作用。标准是法律的延伸。与安全生产相关的技术性规定，通常体现为国家标准和行业标准。

安全生产标准化：是从建章立制、改善设备设施状况、规范人员行为等方面提出了具体要求，是一套完整的安全管理方法，实现了管理标准化、现场标准化、操作标准化，通过推行安全生产标准化，使企业生产的各个环节达到国家法律法规的要求。企业通过推行安全生产标准化，夯实安

全管理基础，提高设备本质安全程度，提升人员安全意识，建立企业安全生产长效机制。

1.4.2 安全生产标准化与职业安全健康管理体系的异同

我国安全生产标准化与职业安全健康管理体系都是现代化安全管理方法研究的产物。两者均强调预防为主和 PDCA 动态管理的现代安全管理理念，采用了设置要素、指标的管理方法，采用了第三方考评（审核）的方式进行效果验证，实现了企业安全管理的系统化、科学化、制度化、效率化。在企业安全管理实践中，从不同方面体现着对企业安全工作的推进作用，因此，两者之间并不矛盾，要有效地结合起来。

安全生产标准化是在传统的质量标准化基础上，根据我国有关法律法规的要求、企业生产工艺特点和中国人文社会特性，借鉴国外现代先进安全管理思想，强化风险管理，注重过程控制，做到持续改进，比传统的质量标准化具有更先进的理念和方法，比职业健康安全管理体系有更具体的实际内容，是一套具有现代安全管理思想和科学方法的、中国化特点的安全管理体系。因此，未进行过职业健康安全管理体系认证的企业，可以通过安全生产标准化建设使得安全管理工作系统化、规范化、科学化。

针对已经建立了职业健康安全管理体系的企业，安全生产标准化建设工作一定要在职业健康安全管理体系运行的基础上进行建设。在安全管理制度等软件方面，可以在职业健康安全管理体系的原有管理文件基础上，进行填平补齐，做到管理标准化；在现场运行方面，对照评分细则或行业评定标准、法律法规、安全规程等，查漏补缺，进一步达到操作标准化、现场标准化的要求。尽管一些企业已经建立了职业健康安全管理体系并运行多年，但客观上存在着文件与运行“两张皮”的现象，这类型的企业应尽可能利用安全生产标准化建设的有利时机，针对性地解决多年来存在的“两张皮”现象。

复习思考题：

1. 安全标准化的概念、建立思想、特点、着眼点分别是什么？
2. 试描述我国工贸企业安全生产标准化建设的概况。
3. 试描述安全生产标准化的意义。
4. 试分别描述安全生产标准化与安全标准、职业安全健康体系的区别。

第2章 《企业安全生产标准化基本规范》核心要求解读

本章主要内容：

◆ 对安全生产标准化核心要素进行了解释

学习要求：

◆ 掌握安全生产标准化的核心要素

2.1 目标

企业根据自身安全生产实际，制定总体和年度安全生产目标。

安全生产目标能够使各级领导及从业人员明确要重点防范的生产安全事故或安全生产工作的努力方向，有利于统一思想、统一调动生产经营单位的管理和技术资源，是生产经营单位向社会及从业人员作出的承诺，也是社会责任的一种重要体现。实施安全生产目标管理，可以使生产经营单位的各级人员、各职能管理部门更加自觉地履行责任，落实各项工作，形成推动落实安全生产责任制的重要动力。

企业根据自身实际情况，制定包括防止事故灾害和财产损失，保障人身安全与健康，保证生产安全运行的中长期和年度工作目标。企业要将年度工作目标分解落实到基层单位和部门，形成安全生产指标，作为上级安全生产工作目标实现的必要保证。通过层层签订安全生产责任状的方式，逐级落实到班组和岗位，并制定保证安全生产目标实现的考核办法，落实组织措施和技术措施。

安全生产工作目标的表述，一般有三种形式：一是绝对数，如杜绝人身伤亡事故；二是相对数，如较大事故起数下降30%以上；三是远景描述，如达到或接近发达国家同类企业水平等。可以是一种或几种方式的并用。安全生产短期目标，则必须根据安全管理的实际、隐患排查治理的需要，有针对性地制定。

制定安全生产目标应遵循：一是贯彻国家安全生产法律法规、方针政策，以及上级有关安全生产的要求，坚持以人为本，安全发展的原则；二是紧密结合生产经营单位的性质、生产经营规模、战略目标，以及安全生产风险情况；三是根据生产经营单位经济、技术状况，既要做到经济、技术可行，又不能过高或过低；四是要紧密结合生产经营单位的安全生产管理状况，汲取本单位及同类性质生产经营单位的事故教训。

2.2 组织机构和职责

2.2.1 组织机构

企业应按规定设置安全生产管理机构,配备安全生产管理人员。

按照《中华人民共和国安全生产法》第十九条对生产经营单位安全生产管理机构的设置以及安全生产管理人员的配备规定,应符合下列要求。

(1)矿山、建筑施工单位和危险物品的生产、经营、储存单位以及从业人员超过300人的其他生产经营单位,应当设置安全生产管理机构或者配备专职安全生产管理人员。矿山开采、建筑施工以及危险物品的生产、经营、储存等单位属高危行业,这些单位的作业活动危险性比较大;从业人员超过300人的生产经营单位安全管理难度较大。对于这些生产经营单位,安全生产管理工作尤其重要。因此,必须设置专门的安全生产管理机构或者配备专职安全生产管理人员,对安全生产工作进行归口统一管理。

(2)矿山、建筑施工单位和危险物品的生产、经营、储存单位以外的其他生产经营单位,从业人员在300人以下的,应当配备专职或兼职的安全生产管理人员或者可以委托具有国家规定的相关专业技术资格的工程技术人员提供安全生产管理服务。这些生产经营单位从业人数、生产规模不大,从安全经济的角度出发,不统一强制规定设置专门的安全生产管理机构,但应当有人员从事安全生产管理工作。

生产经营单位委托专业人员为其提供安全生产管理服务的,保证安全生产的主体责任仍由本单位负责。接受生产经营单位的委托从事安全生产管理服务的工程技术人员不是生产经营单位的职工,和生产经营单位是一种委托关系,在委托协议中明确的权责范围之内,提供专业技术咨询服务。同时,生产经营单位委托工程技术人员为其提供安全生产管理服务,属于单位内部安全生产管理的一种方式,这种管理方式对生产经营单位的主体责任没有任何影响,并不能因为委托单位外部人员进行安全生产管理就减轻或者免除生产经营单位保证安全生产的责任。

安全生产管理机构是指企业内部设置的专门负责安全生产管理事务的独立的部门。安全生产管理机构主要负责落实国家有关安全生产的法律、法规和标准的要求;监督检查安全生产措施的落实;组织安全生产检查活动;排查、整改事故隐患;落实职业健康保障;参与或主持事故调查、分析和处理;负责日常安全管理工作。专职安全生产管理人员是指企业中专门负责安全生产管理,不再兼做其他工作的人员。专职安全生产管理人员能较好地履行所规定的安全生产管理职责,必须达到一定的学历,具备一定的安全生产专业知识和实际工作经验,熟悉所服务企业的工艺、设备、作业人员和经营管理情况,接受适当的培训,并经考核合格后方可任职。另外,由于安全生产管理人员要经常深入现场进行安全检查和隐患及事故调查、分析,其身心健康状况应良好,不得有妨碍其履行职责的生理和心理疾患。随着对安全生产管理要求的不断提高,有的地方正在酝酿要求企业的安全生产管理负责人和安全管理机构负责人须具备注册安全工程师资格的规定。

企业可以根据自身实际情况决定是否建立安全生产委员会。安全生产委员会由本单位的主要负责人和分管安全生产的负责人、安全生产管理部门及相关负责人、安全生产管理人员、工会代表以及从业人员代表组成。当机构或人员变动时，应及时调整。安全生产委员会主要职责是审查本单位年度安全生产工作计划和实施情况、重大安全生产技术项目、安全生产投入等有关安全生产的重大事项，督促落实消除事故隐患的措施，决定安全生产方面的其他重大问题。安全生产委员会应定期召开会议，至少每半年召开一次会议，并有会议记录、会议纪要等。

2.2.2 职责

企业主要负责人应按照安全生产法律法规赋予的职责，全面负责安全生产工作，并履行安全生产义务。

企业应建立安全生产责任制，明确各级单位、部门和人员的安全生产职责。

企业主要负责人指有限公司、股份有限公司的董事长或者总经理或者个人经营的投资人，以及其他企业厂长、经理、矿长（含实际控制人、投资人）等人员。一般而言，就是对企业负全面责任、有生产经营决策权的人。

按照《中华人民共和国安全生产法》第十七条规定，生产经营单位的主要负责人应对本单位的安全生产工作负有下列职责。

1. 建立、健全本单位的安全生产责任制

安全生产责任制是企业最核心的安全管理制度，根据有关安全生产法律、法规，按照“安全第一，预防为主，综合治理”的方针以及“管生产必须同时管安全”的原则，明确企业各级负责人员、职能部门及其工作人员、工程技术人员和各岗位操作人员在安全生产中应负的责任。

2. 组织制定本单位安全生产规章制度和操作规程

安全生产规章制度是企业规章制度的重要组成部分，是保证企业生产经营活动安全、顺利进行的重要制度保障。企业的安全生产规章制度主要包括两个方面的内容：一是安全生产管理方面的规章制度，如安全生产责任制度、安全生产教育制度、安全生产检查制度、伤亡事故报告制度等；二是安全技术方面的规章制度，如电气安全技术、锅炉压力容器安全技术、建筑施工安全技术、危险场所作业的安全技术管理等。规程是对工艺、操作、安装、检测、安全、管理等具体技术要求和实施程序所作的统一规定。安全操作规程是指在生产活动中，为消除能导致人身伤亡或造成设备、财产破坏以及危害环境的因素而制定的具体技术要求和实施程序的统一规定。企业的主要负责人应当组织制定本单位的安全生产规章制度和操作规程，并保证其有效实施。

3. 保证本单位安全生产投入的有效实施

企业为了具备法律、行政法规以及国家标准或者行业标准规定的安全生产条件，需要一定的资金投入，用于安全设施的建设、安全防护用品的配备等。因此，有关法律、法规、规章要求企业必须有必要的安全生产投入。企业的主要负责人应当保证本单位有安全生产方面的投入，并保证这项投入真正用于本单位的安全生产工作。

4. 督促、检查本单位的安全生产工作，及时消除生产安全事故隐患

企业的主要负责人要定期召开有关安全生产的会议，听取有关职能部门的安全生产工作汇报，对反映的安全问题或者存在的事故隐患，认真组织研究，制定切实可行的安全措施，并督

促有关部门限期落实。经常组织安全检查，对检查中发现的安全问题或事故隐患，制定整改计划，明确整改项目、责任人、时间、措施等，在人、财、物上予以保证，及时消除事故隐患。还要加强对安全生产管理工作的监督检查，不断提高安全生产工作的执行力，保证工作计划落实到位。

5. 组织制定并实施本单位的生产安全事故应急救援预案

生产安全事故应急救援预案，是指生产经营单位根据本单位的实际情况，针对可能发生的事故的类别、性质、特点和范围等情况制定的事故发生时的组织、技术措施和其他应急措施。生产安全事故应急救援预案对于防止事故扩大和迅速抢救受害人员、尽可能地减少事故损失，具有重要的作用。

6. 及时、如实报告生产安全事故

发生生产安全事故，应及时向有关部门报告，不得迟报、漏报、谎报、瞒报。这样一方面有利于有关部门及时组织抢救，防止事故扩大，减少人员伤亡和损失；另一方面也有利于有关部门对事故进行调查处理，分析事故的原因，追究事故责任，处理有关责任人员，提出防范措施。

企业安全生产责任制应覆盖企业的所有方面，即纵向到底、横向到边。

(1)纵向到底，包括从上到下各级人员的安全生产职责。在建立责任制时，可首先将本单位从主要负责人一直到岗位工人分成相应的层级，然后结合其工作实际，对不同层级的人员在安全生产中应承担的职责作出规定，包括各级正副职领导、工程技术人员、管理人员、岗位人员等。

(2)横向到边，包括各职能部门(包括党、政、工、团)的安全生产职责。在建立责任制时，可以按照本单位设置的职能部门(如安全、设备、计划、技术、生产、基建、人事、财务、党办、宣传、团委等部门)，分别对其在安全生产中应承担的职责作出规定。

2.3 安全生产投入

企业应建立安全生产投入保障制度，完善和改进安全生产条件，按规定提取安全生产费用，专项用于安全生产，并建立安全费用台账。

《中华人民共和国安全生产法》第十六条规定："生产经营单位应当具备本法和有关法律、行政法规和国家标准或者行业标准规定的安全生产条件；不具备安全生产条件的，不得从事生产经营活动。"生产经营单位要达到这一要求，必须要有一定的资金保证，用于安全设施的建设，为职工配备劳动保护用品，对安全设备进行检测、维护、保养等。因此，《中华人民共和国安全生产法》第十八条规定："生产经营单位应当具备的安全生产条件所必需的资金投入，由生产经营单位的决策机构、主要负责人或者个人经营的投资人予以保证，并对由于安全生产所必需的资金投入不足导致的后果承担责任。"《国务院关于进一步加强安全生产工作的决定》明确了"建立企业提取安全费用制度。为保证安全生产所需资金投入，形成企业安全生产投入的长效机制，借鉴煤矿提取安全费用的经验，在条件成熟后，逐步建立对高危行业生产企业提取安全费用制度。企业安全费用的提取，要根据地区和行业的特点，分别确定提取标准，由企业自行提取，专户储存，专项用于安全生产。"

生产经营单位应制定安全生产投入的管理制度，明确具体的使用范围，制定监督程序，建立安全费用台账，及时总结项目和费用的完成情况。在年度财务会计报告中，生产经营单位应当披露安全费用提取和使用的具体情况，接受安全生产监督管理部门和财政部门的监督检查。

2012年2月14日财政部和国家安全监管总局联合颁布了《企业安全生产费用提取和使用管理办法》（财企〔2012〕16号）。

企业安全生产费用提取和使用管理办法

第一章 总则

第一条 为了建立企业安全生产投入长效机制，加强安全生产费用管理，保障企业安全生产资金投入，维护企业、职工以及社会公共利益，依据《中华人民共和国安全生产法》等有关法律法规和《国务院关于加强安全生产工作的决定》（国发〔2004〕2号）和《国务院关于进一步加强企业安全生产工作的通知》（国发〔2010〕23号），制定本办法。

第二条 在中华人民共和国境内直接从事煤炭生产、非煤矿山开采、建设工程施工、危险品生产与储存、交通运输、烟花爆竹生产、冶金、机械制造、武器装备研制生产与试验（含民用航空及核燃料）的企业以及其他经济组织（以下简称企业）适用本办法。

第三条 本办法所称安全生产费用（以下简称安全费用）是指企业按照规定标准提取在成本中列支，专门用于完善和改进企业或者项目安全生产条件的资金。

安全费用按照“企业提取、政府监管、确保需要、规范使用”的原则进行管理。

第四条 本办法下列用语的含义是：

煤炭生产是指煤炭资源开采作业有关活动。

非煤矿山开采是指石油和天然气、煤层气（地面开采）、金属矿、非金属矿及其他矿产资源的勘探作业和生产、选矿、闭坑及尾矿库运行、闭库等有关活动。

建设工程是指土木工程、建筑工程、井巷工程、线路管道和设备安装及装修工程的新建、扩建、改建以及矿山建设。

危险品是指列入国家标准《危险货物品名表》（GB12268）和《危险化学品目录》的物品。

烟花爆竹是指烟花爆竹制品和用于生产烟花爆竹的民用黑火药、烟火药、引火线等物品。

交通运输包括道路运输、水路运输、铁路运输、管道运输。道路运输是指以机动车为交通工具的旅客和货物运输；水路运输是指以运输船舶为工具的旅客和货物运输及港口装卸、堆存；铁路运输是指以火车为工具的旅客和货物运输（包括高铁和城际铁路）；管道运输是指以管道为工具的液体和气体物资运输。

冶金是指金属矿物的冶炼以及压延加工有关活动，包括：黑色金属、有色金属、黄金等的冶炼生产和加工处理活动，以及碳素、耐火材料等与主工艺流程配套的辅助工艺环节的生产。

机械制造是指各种动力机械、冶金矿山机械、运输机械、农业机械、工具、仪器、仪表、特种设备、大中型船舶、石油炼化装备及其他机械设备的制造活动。

武器装备研制生产与试验，包括武器装备和弹药的科研、生产、试验、储运、销毁、维修保障等。

第二章 安全费用的提取标准

第五条 煤炭生产企业依据开采的原煤产量按月提取。各类煤矿原煤单位产量安全费用提取标准如下：

（一）煤（岩）与瓦斯（二氧化碳）突出矿井、高瓦斯矿井吨煤30元；

(二)其他井工矿吨煤15元;

(三)露天矿吨煤5元。

矿井瓦斯等级划分按现行《煤矿安全规程》和《矿井瓦斯等级鉴定规范》的规定执行。

第六条　非煤矿山开采企业依据开采的原矿产量按月提取。各类矿山原矿单位产量安全费用提取标准如下:

(一)石油,每吨原油17元;

(二)天然气、煤层气(地面开采),每千立方米原气5元;

(三)金属矿山,其中露天矿山每吨5元,地下矿山每吨10元;

(四)核工业矿山,每吨25元;

(五)非金属矿山,其中露天矿山每吨2元,地下矿山每吨4元;

(六)小型露天采石场,即年采剥总量50万吨以下,且最大开采高度不超过50米,产品用于建筑、铺路的山坡型露天采石场,每吨1元;

(七)尾矿库按入库尾矿量计算,三等及三等以上尾矿库每吨1元,四等及五等尾矿库每吨1.5元。

本办法下发之日以前已经实施闭库的尾矿库,按照已堆存尾砂的有效库容大小提取,库容100万立方米以下的,每年提取5万元;超过100万立方米的,每增加100万立方米增加3万元,但每年提取额最高不超过30万元。

原矿产量不含金属、非金属矿山尾矿库和废石场中用于综合利用的尾砂和低品位矿石。

地质勘探单位安全费用按地质勘查项目或者工程总费用的2%提取。

第七条　建设工程施工企业以建筑安装工程造价为计提依据。各建设工程类别安全费用提取标准如下:

(一)矿山工程为2.5%;

(二)房屋建筑工程、水利水电工程、电力工程、铁路工程、城市轨道交通工程为2.0%;

(三)市政公用工程、冶炼工程、机电安装工程、化工石油工程、港口与航道工程、公路工程、通信工程为1.5%。

建设工程施工企业提取的安全费用列入工程造价,在竞标时,不得删减,列入标外管理。国家对基本建设投资概算另有规定的,从其规定。

总包单位应当将安全费用按比例直接支付分包单位并监督使用,分包单位不再重复提取。

第八条　危险品生产与储存企业以上年度实际营业收入为计提依据,采取超额累退方式按照以下标准平均逐月提取:

(一)营业收入不超过1000万元的,按照4%提取;

(二)营业收入超过1000万元至1亿元的部分,按照2%提取;

(三)营业收入超过1亿元至10亿元的部分,按照0.5%提取;

(四)营业收入超过10亿元的部分,按照0.2%提取。

第九条　交通运输企业以上年度实际营业收入为计提依据,按照以下标准平均逐月提取:

(一)普通货运业务按照1%提取;

(二)客运业务、管道运输、危险品等特殊货运业务按照1.5%提取。

第十条 冶金企业以上年度实际营业收入为计提依据，采取超额累退方式按照以下标准平均逐月提取：

（一）营业收入不超过1000万元的，按照3%提取；

（二）营业收入超过1000万元至1亿元的部分，按照1.5%提取；

（三）营业收入超过1亿元至10亿元的部分，按照0.5%提取；

（四）营业收入超过10亿元至50亿元的部分，按照0.2%提取；

（五）营业收入超过50亿元至100亿元的部分，按照0.1%提取；

（六）营业收入超过100亿元的部分，按照0.05%提取。

第十一条 机械制造企业以上年度实际营业收入为计提依据，采取超额累退方式按照以下标准平均逐月提取：

（一）营业收入不超过1000万元的，按照2%提取；

（二）营业收入超过1000万元至1亿元的部分，按照1%提取；

（三）营业收入超过1亿元至10亿元的部分，按照0.2%提取；

（四）营业收入超过10亿元至50亿元的部分，按照0.1%提取；

（五）营业收入超过50亿元的部分，按照0.05%提取。

第十二条 烟花爆竹生产企业以上年度实际营业收入为计提依据，采取超额累退方式按照以下标准平均逐月提取：

（一）营业收入不超过200万元的，按照3.5%提取；

（二）营业收入超过200万元至500万元的部分，按照3%提取；

（三）营业收入超过500万元至1000万元的部分，按照2.5%提取；

（四）营业收入超过1000万元的部分，按照2%提取。

第十三条 武器装备研制生产与试验企业以上年度军品实际营业收入为计提依据，采取超额累退方式按照以下标准平均逐月提取：

（一）火炸药及其制品研制、生产与试验企业（包括：含能材料，炸药、火药、推进剂，发动机，弹箭，引信、火工品等）：

1. 营业收入不超过1000万元的，按照5%提取；

2. 营业收入超过1000万元至1亿元的部分，按照3%提取；

3. 营业收入超过1亿元至10亿元的部分，按照1%提取；

4. 营业收入超过10亿元的部分，按照0.5%提取。

（二）核装备及核燃料研制、生产与试验企业：

1. 营业收入不超过1000万元的，按照3%提取；

2. 营业收入超过1000万元至1亿元的部分，按照2%提取；

3. 营业收入超过1亿元至10亿元的部分，按照0.5%提取；

4. 营业收入超过10亿元的部分，按照0.2%提取。

5. 核工程按照3%提取（以工程造价为计提依据，在竞标时，列为标外管理）。

（三）军用舰船（含修理）研制、生产与试验企业：

1. 营业收入不超过1000万元的，按照2.5%提取；

2. 营业收入超过1000万元至1亿元的部分，按照1.75%提取；

3. 营业收入超过1亿元至10亿元的部分，按照0.8%提取；

4. 营业收入超过10亿元的部分，按照0.4%提取。

（四）飞船、卫星、军用飞机、坦克车辆、火炮、轻武器、大型天线等产品的总体、部分和元器件研制、生产与试验企业：

1. 营业收入不超过1000万元的，按照2%提取；

2. 营业收入超过1000万元至1亿元的部分，按照1.5%提取；

3. 营业收入超过1亿元至10亿元的部分，按照0.5%提取；

4. 营业收入超过10亿元至100亿元的部分，按照0.2%提取；

5. 营业收入超过100亿元的部分，按照0.1%提取。

（五）其他军用危险品研制、生产与试验企业：

1. 营业收入不超过1000万元的，按照4%提取；

2. 营业收入超过1000万元至1亿元的部分，按照2%提取；

3. 营业收入超过1亿元至10亿元的部分，按照0.5%提取；

4. 营业收入超过10亿元的部分，按照0.2%提取。

第十四条　中小微型企业和大型企业上年末安全费用结余分别达到本企业上年度营业收入的5%和1.5%时，经当地县级以上安全生产监督管理部门、煤矿安全监察机构商财政部门同意，企业本年度可以缓提或者少提安全费用。

企业规模划分标准按照工业和信息化部、国家统计局、国家发展和改革委员会、财政部《关于印发中小企业划型标准规定的通知》（工信部联企业〔2011〕300号）规定执行。

第十五条　企业在上述标准的基础上，根据安全生产实际需要，可适当提高安全费用提取标准。

本办法公布前，各省级政府已制定下发企业安全费用提取使用办法的，其提取标准如果低于本办法规定的标准，应当按照本办法进行调整；如果高于本办法规定的标准，按照原标准执行。

第十六条　新建企业和投产不足一年的企业以当年实际营业收入为提取依据，按月计提安全费用。

混业经营企业，如能按业务类别分别核算的，则以各业务营业收入为计提依据，按上述标准分别提取安全费用；如不能分别核算的，则以全部业务收入为计提依据，按主营业务计提标准提取安全费用。

第三章　安全费用的使用

第十七条　煤炭生产企业安全费用应当按照以下范围使用：

（一）煤与瓦斯突出及高瓦斯矿井落实"两个四位一体"综合防突措施支出，包括瓦斯区域预抽、保护层开采区域防突措施、开展突出区域和局部预测、实施局部补充防突措施、更新改造防突设备和设施、建立突出防治实验室等支出；

（二）煤矿安全生产改造和重大隐患治理支出，包括"一通三防"（通风，防瓦斯、防煤尘、防灭火）、防治水、供电、运输等系统设备改造和灾害治理工程，实施煤矿机械化改造，实施矿压（冲击地压）、热害、露天矿边坡治理、采空区治理等支出；

（三）完善煤矿井下监测监控、人员定位、紧急避险、压风自救、供水施救和通信联络安全避险"六大系统"支出，应急救援技术装备、设施配置和维护保养支出，事故逃生和紧急避难设施设备的配置和应急演练支出；

（四）开展重大危险源和事故隐患评估、监控和整改支出；

（五）安全生产检查、评价（不包括新建、改建、扩建项目安全评价）、咨询、标准化建设支出；

（六）配备和更新现场作业人员安全防护用品支出；

（七）安全生产宣传、教育、培训支出；

（八）安全生产适用新技术、新标准、新工艺、新装备的推广应用支出；

（九）安全设施及特种设备检测检验支出；

（十）其他与安全生产直接相关的支出。

第十八条　非煤矿山开采企业安全费用应当按照以下范围使用：

（一）完善、改造和维护安全防护设施设备（不含“三同时”要求初期投入的安全设施）和重大安全隐患治理支出，包括矿山综合防尘、防灭火、防治水、危险气体监测、通风系统、支护及防治边帮滑坡设备、机电设备、供配电系统、运输（提升）系统和尾矿库等完善、改造和维护支出以及实施地压监测监控、露天矿边坡治理、采空区治理等支出；

（二）完善非煤矿山监测监控、人员定位、紧急避险、压风自救、供水施救和通信联络等安全避险“六大系统”支出，完善尾矿库全过程在线监控系统和海上石油开采出海人员动态跟踪系统支出，应急救援技术装备、设施配置及维护保养支出，事故逃生和紧急避难设施设备的配置和应急演练支出；

（三）开展重大危险源和事故隐患评估、监控和整改支出；

（四）安全生产检查、评价（不包括新建、改建、扩建项目安全评价）、咨询、标准化建设支出；

（五）配备和更新现场作业人员安全防护用品支出；

（六）安全生产宣传、教育、培训支出；

（七）安全生产适用的新技术、新标准、新工艺、新装备的推广应用支出；

（八）安全设施及特种设备检测检验支出；

（九）尾矿库闭库及闭库后维护费用支出；

（十）地质勘探单位野外应急食品、应急器械、应急药品支出；

（十一）其他与安全生产直接相关的支出。

第十九条　建设工程施工企业安全费用应当按照以下范围使用：

（一）完善、改造和维护安全防护设施设备支出（不含“三同时”要求初期投入的安全设施），包括施工现场临时用电系统、洞口、临边、机械设备、高处作业防护、交叉作业防护、防火、防爆、防尘、防毒、防雷、防台风、防地质灾害、地下工程有害气体监测、通风、临时安全防护等设施设备支出；

（二）配备、维护、保养应急救援器材、设备支出和应急演练支出；

（三）开展重大危险源和事故隐患评估、监控和整改支出；

（四）安全生产检查、评价（不包括新建、改建、扩建项目安全评价）、咨询和标准化建设支出；（五）配备和更新现场作业人员安全防护用品支出；

（六）安全生产宣传、教育、培训支出；

（七）安全生产适用的新技术、新标准、新工艺、新装备的推广应用支出；

（八）安全设施及特种设备检测检验支出；

（九）其他与安全生产直接相关的支出。

第二十条　危险品生产与储存企业安全费用应当按照以下范围使用：

（一）完善、改造和维护安全防护设施设备支出（不含“三同时”要求初期投入的安全设施），包括车间、库房、罐区等作业场所的监控、监测、通风、防晒、调温、防火、灭火、防爆、泄压、防毒、消毒、中和、防潮、防雷、防静电、防腐、防渗漏、防护围堤或者隔离操作等设施设备支出；

（二）配备、维护、保养应急救援器材、设备支出和应急演练支出；

（三）开展重大危险源和事故隐患评估、监控和整改支出；

（四）安全生产检查、评价（不包括新建、改建、扩建项目安全评价）、咨询和标准化建设支出；

（五）配备和更新现场作业人员安全防护用品支出；

（六）安全生产宣传、教育、培训支出；

（七）安全生产适用的新技术、新标准、新工艺、新装备的推广应用支出；

（八）安全设施及特种设备检测检验支出；

（九）其他与安全生产直接相关的支出。

第二十一条　交通运输企业安全费用应当按照以下范围使用：

（一）完善、改造和维护安全防护设施设备支出（不含“三同时”要求初期投入的安全设施），包括道路、水路、铁路、管道运输设施设备和装卸工具安全状况检测及维护系统、运输设施设备和装卸工具附属安全设备等支出；

（二）购置、安装和使用具有行驶记录功能的车辆卫星定位装置、船舶通信导航定位和自动识别系统、电子海图等支出；

（三）配备、维护、保养应急救援器材、设备支出和应急演练支出；

（四）开展重大危险源和事故隐患评估、监控和整改支出；

（五）安全生产检查、评价（不包括新建、改建、扩建项目安全评价）、咨询和标准化建设支出；

（六）配备和更新现场作业人员安全防护用品支出；

（七）安全生产宣传、教育、培训支出；

（八）安全生产适用的新技术、新标准、新工艺、新装备的推广应用支出；

（九）安全设施及特种设备检测检验支出；

（十）其他与安全生产直接相关的支出。

第二十二条　冶金企业安全费用应当按照以下范围使用：

（一）完善、改造和维护安全防护设施设备支出（不含“三同时”要求初期投入的安全设施），包括车间、站、库房等作业场所的监控、监测、防火、防爆、防坠落、防尘、防毒、防噪声与振动、防辐射和隔离操作等设施设备支出；

（二）配备、维护、保养应急救援器材、设备支出和应急演练支出；

（三）开展重大危险源和事故隐患评估、监控和整改支出；

（四）安全生产检查、评价（不包括新建、改建、扩建项目安全评价）和咨询及标准化建设支出；

(五)安全生产宣传、教育、培训支出；

(六)配备和更新现场作业人员安全防护用品支出；

(七)安全生产适用的新技术、新标准、新工艺、新装备的推广应用支出；

(八)安全设施及特种设备检测检验支出；

(九)其他与安全生产直接相关的支出。

第二十三条 机械制造企业安全费用应当按照以下范围使用：

(一)完善、改造和维护安全防护设施设备支出(不含“三同时”要求初期投入的安全设施),包括生产作业场所的防火、防爆、防坠落、防毒、防静电、防腐、防尘、防噪声与振动、防辐射或者隔离操作等设施设备支出,大型起重机械安装安全监控管理系统支出；

(二)配备、维护、保养应急救援器材、设备支出和应急演练支出；

(三)开展重大危险源和事故隐患评估、监控和整改支出；

(四)安全生产检查、评价(不包括新建、改建、扩建项目安全评价)、咨询和标准化建设支出；

(五)安全生产宣传、教育、培训支出；

(六)配备和更新现场作业人员安全防护用品支出；

(七)安全生产适用的新技术、新标准、新工艺、新装备的推广应用；

(八)安全设施及特种设备检测检验支出；

(九)其他与安全生产直接相关的支出。

第二十四条 烟花爆竹生产企业安全费用应当按照以下范围使用：

(一)完善、改造和维护安全设备设施支出(不含“三同时”要求初期投入的安全设施)；

(二)配备、维护、保养防爆机械电器设备支出；

(三)配备、维护、保养应急救援器材、设备支出和应急演练支出；

(四)开展重大危险源和事故隐患评估、监控和整改支出；

(五)安全生产检查、评价(不包括新建、改建、扩建项目安全评价)、咨询和标准化建设支出；

(六)安全生产宣传、教育、培训支出；

(七)配备和更新现场作业人员安全防护用品支出；

(八)安全生产适用新技术、新标准、新工艺、新装备的推广应用支出；

(九)安全设施及特种设备检测检验支出；

(十)其他与安全生产直接相关的支出。

第二十五条 武器装备研制生产与试验企业安全费用应当按照以下范围使用：

(一)完善、改造和维护安全防护设施设备支出(不含“三同时”要求初期投入的安全设施),包括研究室、车间、库房、储罐区、外场试验区等作业场所的监控、监测、防触电、防坠落、防爆、泄压、防火、灭火、通风、防晒、调温、防毒、防雷、防静电、防腐、防尘、防噪声与振动、防辐射、防护围堤或者隔离操作等设施设备支出；

(二)配备、维护、保养应急救援、应急处置、特种个人防护器材、设备、设施支出和应急演练支出；

(三)开展重大危险源和事故隐患评估、监控和整改支出；

（四）高新技术和特种专用设备安全鉴定评估、安全性能检验检测及操作人员上岗培训支出；

（五）安全生产检查、评价（不包括新建、改建、扩建项目安全评价）、咨询和标准化建设支出；

（六）安全生产宣传、教育、培训支出；

（七）军工核设施（含核废物）防泄漏、防辐射的设施设备支出；

（八）军工危险化学品、放射性物品及武器装备科研、试验、生产、储运、销毁、维修保障过程中的安全技术措施改造费和安全防护（不包括工作服）费用支出；

（九）大型复杂武器装备制造、安装、调试的特殊工种和特种作业人员培训支出；

（十）武器装备大型试验安全专项论证与安全防护费用支出；

（十一）特殊军工电子元器件制造过程中有毒有害物质监测及特种防护支出；

（十二）安全生产适用新技术、新标准、新工艺、新装备的推广应用支出；

（十三）其他与武器装备安全生产事项直接相关的支出。

第二十六条　在本办法规定的使用范围内，企业应当将安全费用优先用于满足安全生产监督管理部门、煤矿安全监察机构以及行业主管部门对企业安全生产提出的整改措施或者达到安全生产标准所需的支出。

第二十七条　企业提取的安全费用应当专户核算，按规定范围安排使用，不得挤占、挪用。年度结余资金结转下年度使用，当年计提安全费用不足的，超出部分按正常成本费用渠道列支。

主要承担安全管理责任的集团公司经过履行内部决策程序，可以对所属企业提取的安全费用按照一定比例集中管理，统筹使用。

第二十八条　煤炭生产企业和非煤矿山企业已提取维持简单再生产费用的，应当继续提取维持简单再生产费用，但其使用范围不再包含安全生产方面的用途。

第二十九条　矿山企业转产、停产、停业或者解散的，应当将安全费用结余转入矿山闭坑安全保障基金，用于矿山闭坑、尾矿库闭库后可能的危害治理和损失赔偿。

危险品生产与储存企业转产、停产、停业或者解散的，应当将安全费用结余用于处理转产、停产、停业或者解散前的危险品生产或者储存设备、库存产品及生产原料支出。

企业由于产权转让、公司制改建等变更股权结构或者组织形式的，其结余的安全费用应当继续按照本办法管理使用。

企业调整业务、终止经营或者依法清算，其结余的安全费用应当结转本期收益或者清算收益。

第三十条　本办法第二条规定范围以外的企业为达到应当具备的安全生产条件所需的资金投入，按原渠道列支。

第四章　监督管理

第三十一条　企业应当建立健全内部安全费用管理制度，明确安全费用提取和使用的程序、职责及权限，按规定提取和使用安全费用。

第三十二条　企业应当加强安全费用管理，编制年度安全费用提取和使用计划，纳入企业财务预算。企业年度安全费用使用计划和上一年安全费用的提取、使用情况按照管理权限报同级财政部门、安全生产监督管理部门、煤矿安全监察机构和行业主管部门备案。

第三十三条 企业安全费用的会计处理，应当符合国家统一的会计制度的规定。

第三十四条 企业提取的安全费用属于企业自提自用资金，其他单位和部门不得采取收取、代管等形式对其进行集中管理和使用，国家法律、法规另有规定的除外。

第三十五条 各级财政部门、安全生产监督管理部门、煤矿安全监察机构和有关行业主管部门依法对企业安全费用提取、使用和管理进行监督检查。

第三十六条 企业未按本办法提取和使用安全费用的，安全生产监督管理部门、煤矿安全监察机构和行业主管部门会同财政部门责令其限期改正，并依照相关法律法规进行处理、处罚。

建设工程施工总承包单位未向分包单位支付必要的安全费用以及承包单位挪用安全费用的，由建设、交通运输、铁路、水利、安全生产监督管理、煤矿安全监察等主管部门依照相关法规、规章进行处理、处罚。

第三十七条 各省级财政部门、安全生产监督管理部门、煤矿安全监察机构可以结合本地区实际情况，制定具体实施办法，并报财政部、国家安全生产监督管理总局备案。

第五章 附 则

第三十八条 本办法由财政部、国家安全生产监督管理总局负责解释。

第三十九条 实行企业化管理的事业单位参照本办法执行。

第四十条 本办法自公布之日起施行。《关于调整煤炭生产安全费用提取标准加强煤炭生产安全费用使用管理与监督的通知》(财建〔2005〕168号)、《关于印发〈烟花爆竹生产企业安全费用提取与使用管理办法〉的通知》(财建〔2006〕180号)和《关于印发〈高危行业企业安全生产费用财务管理暂行办法〉的通知》(财企〔2006〕478号)同时废止。《关于印发〈煤炭生产安全费用提取和使用管理办法〉和〈关于规范煤矿维简费管理问题的若干规定〉的通知》(财建〔2004〕119号)等其他有关规定与本办法不一致的，以本办法为准。

2.4 法律法规与安全管理制度

2.4.1 法律法规、标准规范

企业应建立识别和获取适用的安全生产法律法规、标准规范的制度，明确主管部门，确定获取的渠道、方式，及时识别和获取适用的安全生产法律法规、标准规范。

企业各职能部门应及时识别和获取本部门适用的安全生产法律法规、标准规范，并跟踪、掌握有关法律法规、标准规范的修订情况，及时提供给企业内负责识别和获取适用的安全生产法律法规的主管部门汇总。

企业应将适用的安全生产法律法规、标准规范及其他要求及时传达给从业人员。

识别和获取安全生产法律法规、标准规范及其他要求，要与本企业的管理制度、操作规程相融合，贯彻到安全生产管理各项工作中。按照培训计划进行全员有关安全生产法律法规、标准及其他要求的培训，做好培训记录并保存。利用橱窗、显示屏、班前班后会、员工手册、手机短信、视频、知识竞赛等形式向员工广泛宣传已识别的安全生产法律法规、标准规范等要求的核心内容，提高全体员工的安全生产法律意识。

企业在生产经营过程中要严格遵守、落实有关安全生产法律法规、标准范围及其他要求的规定，并及时评审有关安全生产管理规章制度的合规性，修订有关安全生产规章制度，保证其与安全生产法律法规、标准规范及其他要求的一致性，做到有章可循、有法必依，不得与其相抵触。

2.4.2 规章制度

企业应建立健全安全生产规章制度，并发放到相关工作岗位，规范从业人员的生产作业行为。

安全生产规章制度至少应包含以下内容：安全生产职责、安全生产投入、文件和档案管理、隐患排查和治理、安全教育培训、特种作业人员管理、设备设施安全管理、建设项目安全设施“三同时”管理、生产设备设施验收管理、生产设备设施报废管理、施工和检维修安全管理、危险物品及重大危险源管理、作业安全管理、相关方及外用工管理、职业健康管理、防护用品管理，应急管理、事故管理等。

企业应根据安全生产法律法规，建立健全安全生产规章制度，并严格执行，为安全生产工作顺利进行提供制度基础保障。针对不同的工作岗位，发放相应的规章制度，方便员工熟悉、规范作业行为。还可印刷员工安全生产手册，内容包括规章制度、安全操作规程、安全技术知识、个人安全绩效考评等。

《基本规范》对生产经营单位安全规章制度体系的建立提出了要求，生产经营单位还应根据相关法律法规等进行补充和完善。如：目标和指标管理制度、安全机构设置与人员管理制度、安全生产奖惩制度、危险源辨识与风险评价管理制度、工艺设计管理制度、生产工艺管理制度、消防管理制度、安全警示标志管理制度、紧急撤离管理制度、交接班制度、特种作业管理与审批制度、科技攻关管理制度、工伤保险制度、纠正与预防措施管理制度等。

虽然每个企业由于所有制形式、组织方式、管理模式、生产工艺特点等各不相同，但是只要每个制度能够做到目的明确、责任明确、流程清晰、标准明确，能够有效规范管理，就是有效的安全生产规章制度。

安全规章制度的制定一般包括起草、会签、审核、签发、发布五个流程，见图 2-1。安全规章制度发布后，企业应组织有关部门和人员进行学习和培训，对安全操作规程类的规章制度，还应对相关人员进行考核，合格后才能上岗作业。

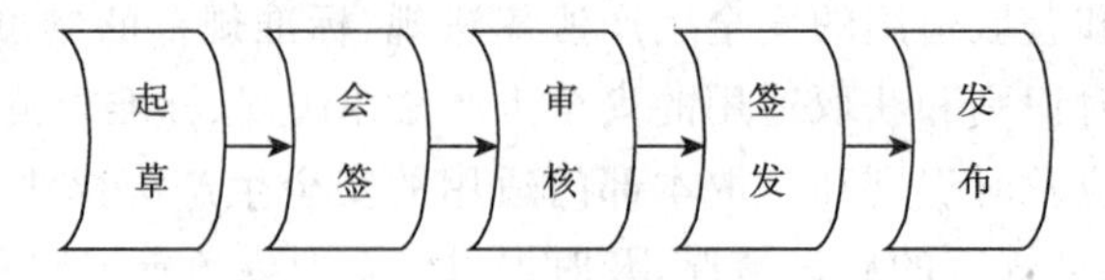

图 2-1 安全规章制度制定流程图

(1)起草：根据安全生产责任制，由相应的企业职能部门负责起草安全规章制度。在起草前，应收集国家有关安全生产法律法规、国家行业标准、企业所在地地方政府的有关法规、标准等，同时结合企业安全生产的实际情况，作为起草制度的依据。

安全规章制度起草要做到目的明确，文字表达条理清楚、结构严谨、用词明确、文字简明、标点符号正确，应按照企业规定的标准格式进行编写。规章制度应明确制定目的、使用范围、主管部门、具体内容、解释部门和施行时期等。

(2)会签:责任部门编写的规章制度草案,应在送交相关领导签发前征求有关部门的意见,意见不一致时,一般由企业主要负责人或分管负责人主持会议,取得一致意见。

(3)审核:在签发安全规章制度前,应进行审核。一是由企业负责法律事务的部门,对规章制度与相关法律法规的符合性及企业现行规章制度一致性进行审查;二是安全生产委员会召开会议或组织有关部门进行讨论,对各方面工作的协调性、各方利益的统筹性进行审核。

(4)签发:一般性安全规章制度由企业分管安全生产的负责人签发,涉及全局性的综合管理类安全规章制度应由企业主要负责人签发。

签发后要进行编号,注明生效时间,以"自发布之日起执行"或"现予发布,自某年某月某日起施行"的形式给出。

(5)发布:企业的安全规章制度,应采用固定的发布方式,如通过红头文件形式或在企业内部办公网络发布等。发布的范围应覆盖与制度相关的部门及人员。必要时注明废止的旧版本或有关规章制度。

2.4.3 操作规程

企业应根据生产特点,编制岗位安全操作规程,并发放到相关岗位。

企业应根据各个岗位生产特点,在充分识别、评价岗位存在的安全风险、危险有害因素,针对性地提出控制措施的基础上,编制岗位安全操作规程,规范从业人员的操作行为,避免事故的发生。岗位安全操作规程可以组织熟悉岗位作业的操作人员和专业技术人员,按照作业前、作业中、作业后的作业顺序中存在的安全风险进行编制,方便员工掌握和执行。安全操作规程应发放给相关岗位人员。

操作规程的制定可以参照规章制度的流程和要求。涉及安全技术标准、安全操作规程等的起草工作,还应查阅设备制造厂的说明书等。

2.4.4 评估

企业应每年至少一次全面、系统地对安全生产法律法规、标准规范、规章制度、操作规程的执行情况进行检查评估,了解其执行情况中的各种信息,包括需要肯定和需要改进的方面,及时发现存在的违法、违规现象和管理缺陷等,制定改进工作计划,配备相应的资源,不断提高企业的整体执行力,保证有效的贯彻执行,为下一步的持续改进提供基础信息。

企业可以自行组织安全生产法律法规、标准规范、规章制度、操作规程的执行情况的检查评估,也可以聘请有关专业技术咨询中介机构或专家进行。检查评估结果应当文件化,并以此为基础制定其整改计划,明确具体项目、措施、责任部门及人员、完成时间等整改要求。

2.4.5 修订

企业应根据评估情况、安全检查反馈的问题、生产安全事故案例、绩效评定结果等,对安全生产管理规章制度和操作规程进行修订,确保其有效和适用,保证每个岗位所使用的为最新有效版本。

企业修订、完善规章制度和操作规程是一项经常性的工作,一般包括以下情况。

(1)根据安全生产法律法规、标准规范、规章制度、操作规程执行情况检查评估的结果,保留肯定的内容，及时修订整改的内容。

(2)企业应对安全检查反馈的问题进行分析，对涉及规章制度、操作规程产生的问题，应及时修订相应的规章制度、操作规程。

(3)企业应收集本企业、其他企业发生的事故案例，分析事故的原因，借鉴相关事故教训，修订规章制度、操作规程。

(4)企业在安全生产绩效评定后，根据规章制度、操作规程的适宜性、充分性、有效性的绩效评定情况，以及安全生产目标、指标完成情况等绩效评定结果，及时修订规章制度、操作规程。

(5)国家以及所在地的法律法规、标准规范有最新要求，及时做好修订工作。随着国家对安全生产要求的不断重视和提高，有关安全生产的法律法规、标准等不断完善更新，企业应及时修订有关规章制度、操作规程，避免因“违法不知”带来不必要的影响和后果。

(6)国际、国内有先进的安全管理理论和方法，应及时做好修订工作。

2.4.6 文件和档案管理

企业应严格执行文件和档案管理制度，确保安全规程制度和操作规程编制、使用、评审、修订的效力。

企业应建立主要安全生产过程、事件、活动、检查的安全记录档案，并加强对安全记录的有效管理。

企业应有对安全规章制度和操作规程的编制、使用、评审、修订等环节进行明确要求的管理制度，明确职责，规范流程，保证效力。

企业应编制安全规章制度制定、修订的工作计划。计划的主要内容包括规章制度的名称、编制目的、主要内容、责任部门、进度安排等，确保企业安全规章制度建设和管理的有序、规范进行。

企业应对安全生产规章制度执行时所产生的一些记录和台账的编制、使用、保存进行管理，包括内部和外部的，主要有：安全生产会议记录、安全费用提取使用记录、员工安全教育培训记录、劳动防护用品采购发放记录、危险源等级台账、安全生产检查记录、授权作业指令单、事故调查处理报告、事故隐患整改记录、安全生产奖惩记录、特种作业人员等级记录、特种设备管理记录、外地施工队伍安全管理记录、安全设备设施管理台账(包括安装、运行、维护等)、有关强制性检测检验报告或记录、新改扩建项目“三同时”档案资料等。

企业把所作的安全管理工作按照制度要求记录在规定的载体上(包括各类登记记录本、检查表、报告、指令单、电子化文档等)，并进行档案化管理，对所做的工作活动过程可以进行溯源，增强责任意识，提高绩效测量效率和效力，提升安全生产管理标准化工作质量和水平。

2.5 教育培训

2.5.1 教育培训管理

企业应当建立健全安全教育培训管理制度，明确安全教育培训的主管部门，确立全员培训的目标，将安全培训工作纳入本单位年度工作计划，按照有关安全教育培训的规定，对从业人员进行经常性的安全教育培训，并保证必需的教育培训设备设施和经费。企业应当依法接受安全监管监察部门对本单位安全培训情况的监督检查。

企业安全教育培训等部门要根据安全生产法律法规、标准规范等要求和企业安全生产目标、岗位需求，通过对从业人员文化水平、安全意识、安全知识、安全技能等现状进行系统的调查分析，确定人员是否需要培训和培训的具体需求。根据培训需求和培训大纲要求，制定教育培训方案和培训计划，并有效地组织实施。企业对自行组织的培训，要制定培训效果评估方案，进行效果评估；对培训机构开展的培训，要配合进行效果评估工作。根据评估结果对培训内容、培训方式等不断进行改进，确保培训的质量和效果。

企业安全教育培训部门要建立健全安全教育培训档案管理制度，建立从业人员安全培训档案，详细、准确记录从业人员培训考核情况，并做好申报、培训、考核、复审的组织工作和日常的检查工作以及档案管理工作。

具备安全培训条件的企业，应当对除主要负责人、安全生产管理人员、特种作业人员以外的从业人员进行自主安全培训，也可以委托由安全监管检查部门认定的具备资质的安全培训机构培训；不具备安全培训条件的企业，应当委托具有安全培训资质的机构对上述人员进行安全培训。

2.5.2 安全生产管理人员教育培训

依据《中华人民共和国安全生产法》第二十条规定，企业主要负责人和安全生产管理人员必须具备与本单位所从事的生产经营活动相应的安全生产知识和管理能力。危险物品的生产、经营、储存单位以及矿山、建筑施工单位的主要负责人和安全生产管理人员，应当由有关主管部门对其安全生产知识和管理能力考核合格后方可任职。

企业主要负责人因其组织、领导本单位的安全生产管理工作，并承担保证安全生产的责任，因此，必须具备与本单位所从事的生产经营活动相适应的安全生产知识，同时具有领导安全生产管理工作和处理生产安全事故的能力。企业安全生产管理人员是本单位直接负责安全生产工作的人员。这些人员对企业生产经营过程中的安全技术措施的制定、实施和检查直接发生作用，他们安全素质的高低将直接影响企业安全生产工作的好坏。

中央管理工矿商贸企业的总公司(集团公司、总厂)主要负责人和安全生产管理人员参加国务院安全生产监督管理部门组织的安全培训和考核；省属企业及省行政区域内中央管理工矿商贸企业的分公司、子公司主要负责人和安全生产管理人员以及特种作业人员参加省级安全监管部门、煤矿安全监管机构组织的安全培训和考核；市级、县级行政区域内除中央企业、省属企业以外的其他企业主要负责人和安全生产管理人员参加市级、县级安全生产监督管理部门组织的安全培训和考核。

煤矿、非煤矿山、危险化学品、烟花爆竹等高危行业企业主要负责人和安全生产管理人员应参加安全资格培训，取得安全资格证书后方可任职。

企业主要负责人和安全生产管理人员初次安全培训时间不得少于 32 小时，每年再培训时间不得少于 12 学时。煤矿、非煤矿山、危险化学品、烟花爆竹等企业主要负责人和安全生产管理人员安全资格培训时间不得少于 48 学时，每年再培训时间不得少于 16 学时。安全教育培训内容按照国家有关规定执行。

2.5.3 操作岗位人员教育培训

企业应对操作岗位人员进行安全教育和生产技能培训，使其熟悉有关的安全生产规章制度和安全操作规程，并确认其能力符合岗位要求。未经安全教育培训，或培训考核不合格的从业人员，不得上岗作业。

新入厂（矿）人员在上岗前必须经过厂（矿）、车间（工段、区、队）、班组三级安全教育培训。

在新工艺、新技术、新材料、新设备设施投入使用前，应对有关操作岗位人员进行专门的安全教育和培训。

操作岗位人员转岗、离岗一年以上重新上岗者，应进行车间（工段）、班组安全教育培训，经考核合格后，方可上岗工作。

从事特种作业的人员应取得特种作业操作资格证书，方可上岗作业。

根据《中华人民共和国安全生产法》第二十一条"生产经营单位应当对从业人员进行安全生产教育和培训，保证从业人员具备必要的安全生产知识，熟悉有关的安全生产规章制度和安全操作规程，掌握本岗位的安全操作技能。未经安全生产教育和培训合格的从业人员，不得上岗作业"、第二十二条"生产经营单位采用新工艺、新技术、新材料或者使用新设备，必须了解、掌握其安全技术特性，采取有效的安全防护措施，并对从业人员进行专门的安全生产教育和培训"和第二十三条"企业特种作业人员必须按照国家有关规定经专门的安全作业培训，取得特种作业操作资格证书，方可上岗作业"的规定，企业应当对操作岗位人员进行安全教育和技能培训，保证其具备本岗位安全操作、自救互救以及应急处置所需的知识和技能后，方能安排上岗作业。企业应经常以岗位技术竞赛、练兵等方式，组织操作岗位人员进行基本功训练，提高其安全意识和安全技能。

企业对新从业人员，应当在上岗前进行厂（矿）、车间（工段、区、队）、班组三级安全教育培训。

厂（矿）级岗前安全培训内容应当包括：

（1）本单位安全生产情况及安全生产基本知识；

（2）本单位安全生产规章制度和劳动纪律；

（3）从业人员安全生产权利和义务；

（4）有关事故案例等。

煤矿、非煤矿山、危险化学品、烟花爆竹等企业厂（矿）级安全培训包括上述内容外，应当增加事故应急救援、事故应急预案演练及防范措施等内容。

车间（工段、区、队）级岗前安全培训内容应当包括：

（1）工作环境及危险因素；

（2）所从事工种可能遭受的职业伤害和伤亡事故；

（3）所从事工种的安全职责、操作技能及强制性标准；

（4）自救互救、急救方法、疏散和现场紧急情况的处理；

（5）安全设备设施、个人防护用品的使用和维护；

（6）预防事故和职业危害的措施及应注意的安全事项；

（7）有关事故案例；

（8）其他需要培训的内容。

班组级岗前安全培训内容应当包括：

(1)岗位安全操作规程；

(2)岗位之间工作衔接配合的安全与职业卫生事项；

(3)有关事故案例；

(4)其他需要培训的内容。

企业新上岗的从业人员，岗前安全培训时间不得少于24学时。煤矿、非煤矿山、危险化学品、烟花爆竹等企业新上岗的从业人员安全培训时间不得少于72学时，每年接受再培训的时间不得少于20学时。

三级安全教育培训内容及时间应满足但不限于以上要求。

特种作业是指容易发生事故，对操作者本人、他人的安全健康及设备设施的安全可能造成重大危害的作业。特种作业人员是指直接从事特种作业的从业人员。

根据《特种作业人员安全技术培训考核管理规定》(国家安全生产监督管理总局令第30号)规定，特种作业人员的安全技术培训、考核、发证、复审工作实行统一监管、分级实施、教考分离的原则。特种作业包括：

(1)电工作业。含高压电工作业、低压电工作业、防爆电气作业。

(2)焊接与热切割作业。含熔化焊接与热切割作业、压力焊作业、钎焊作业。

(3)高处作业。含登高架设作业，高处安装、维护、拆除作业。

(4)制冷与空调作业。含制冷与空调设备运行操作作业、制冷与空调设备安装修理作业。

(5)煤矿安全作业。含煤矿井下电气作业、煤矿井下爆破作业、煤矿安全监测监控作业、煤矿瓦斯检查作业、煤矿安全检查作业、煤矿提升机操作作业、煤矿采煤机(掘进机)操作作业、煤矿瓦斯抽采作业、煤矿防突作业、煤矿探放水作业。

(6)金属非金属矿山安全作业。含金属非金属矿井通风作业、尾矿作业、金属非金属矿山安全检查作业、金属非金属矿山提升机操作作业、金属非金属矿山支柱作业、金属非金属矿山井下电气作业、金属非金属矿山排水作业、金属非金属矿山爆炸作业。

(7)石油天然气安全作业。含司钻作业。

(8)冶金(有色)生产安全作业。含煤气作业。

(9)危险化学品安全作业。含光气及光气化工艺作业、氯碱电解工艺作业、氯化工艺作业、硝化工艺作业、合成氨工艺作业、裂解(裂化)工艺作业、氟化工艺作业、加氢工艺作业、重氮化工艺作业、氧化工艺作业、过氧化工艺作业、氨基化工艺作业、磺化工艺作业、聚合工艺作业、烷基化工艺作业、化工自动化控制仪表作业。

(10)烟花爆竹安全作业。含烟火药制造作业、黑火药制造作业、引火线制造作业、烟花爆竹产品涉药作业、烟花爆竹储存作业。

(11)国家安全生产监督管理总局认定的其他作业。

除国家安全生产监督管理总局认定的特种作业以外，有关法律、行政法规和国务院有关特种作业人员管理另有规定的，从其规定。

特种作业人员所从事的工作，在安全程度上与单位内其他岗位操作人员的工作差别较大。他们在工作中接触的危险因素较多，危险性较大，很容易发生生产安全事故。一旦发生事故，不仅对作业人员本人，而且会对他人和周围设施造成很大伤害。因此，特种作业人员必须由取得培训资质的安全培训机构，进行专门的与其所从事特种作业相应的安全技术理论培训和实际操作培训，经考核合格取得《中华人民共和国特种作业操作证》后，方可上岗作业，并按照规定参加复审。

离开特种作业岗位 6 个月以上的特种作业人员，应当重新进行实际操作考试，经审核合格后方可上岗作业。取得特种作业操作证者，每 3 年复审 1 次。特种作业人员在特种作业操作证有效期内，连续从事本工种 10 年以上，严格遵守有关安全生产法律法规的，经原考核发证机关或者从业所在地考核发证机关同意，特种作业操作证的复审时间可以延长至每 6 年 1 次。未取得特种作业操作证、未按期复审或复审不合格的人员，不得从事特种作业。

2.5.4　其他人员教育培训

企业要依法承担对相关方作业人员的安全教育培训。要依托企业安全培训部门或委托安全培训机构、劳务派遣单位，组织相关方的作业人员参加安全教育培训，对考核合格的作业人员发放入场证。培训内容应当包括与企业安全生产相关的法律法规、企业安全生产管理制度、操作规程、现场危险危害因素等。作业现场所在单位在作业人员进入作业现场前，还要有针对性的对其进行作业现场有关规定、安全管理要求及注意事项、事故应急处理措施等的现场安全教育培训。

企业为保障外来人员人身安全健康和企业的安全运营，要由安全生产管理部门和接待部门对外来参观、学习等人员进行安全教育和告知，使外来人员熟悉企业安全生产特点、地理环境、可能接触到的危害及应急知识、所涉及场所的安全要求等。

2.5.5　安全文化建设

企业应通过安全文化建设，促进安全生产工作。

企业应采取多种形式的安全文化活动，引导全体从业人员的安全态度和安全行为，逐步形成为全体员工所认同、共同遵守、带有本单位特点的安全价值观，实现法律和政府监管要求之上的安全自我约束，保障企业安全生产水平持续提高。

企业安全文化是指被企业员工群体所共享的安全价值观、态度、道德和行为规范组成的统一体，是企业生产经营过程中逐步形成的、凝结起来的一种文化氛围，是企业全体员工的安全观念、安全意识、安全态度，是员工生命安全和健康价值的理解和领会，以及所认同的安全原则和接受的安全生产或安全生活的行为方式。通过安全文化建设，提高企业各级管理人员和全体员工的安全生产自觉性，以文化的力量保障企业安全生产和经济发展。

企业安全文化建设与安全生产标准化创建工作相融合、相统一，是预防事故的一种“软”对策，是预防事故的“人员工程”，以提高企业全员的安全素质为主要任务，通过创造一种良好的安全人文氛围和协调的人、机、环关系，对人的观念、意识、态度、行为等形成从无形到有形的影响，对人的不安全行为产生控制作用，达到减少人为事故的效果；通过开展安全文化建设创建活动，促进企业安全管理工作规范化、制度化和科学化，推进企业安全生产主体责任落实到位，夯实安全生产基层基础工作，强化干部职工的安全意识，建立健全安全生产长效机制，提升企业安全管理水平，实现本质安全，这些都与安全生产标准化创建的目的相一致。

企业应按照《企业安全文化建设导则》(AQ/T9004-2008)的有关要求，依托安全文化建设的载体，逐步形成企业全体员工所认同并遵守的、带有本企业特点的价值观、愿景、宗旨的安全理念，引导全体从业人员养成好的安全行为习惯，树立良好的安全态度。

国家安全生产监督管理总局令第3号

《生产经营单位安全培训规定》已经2005年12月28日国家安全生产监督管理总局局长办公会议审议通过，现予公布，自2006年3月1日起施行。

局　长　李毅中

二〇〇六年一月十七日

生产经营单位安全培训规定

第一章　总　则

第一条　为加强和规范生产经营单位安全培训工作，提高从业人员安全素质，防范伤亡事故，减轻职业危害，根据安全生产法和有关法律、行政法规，制定本规定。

第二条　工矿商贸生产经营单位(以下简称生产经营单位)从业人员的安全培训，适用本规定。

第三条　生产经营单位负责本单位从业人员安全培训工作。

生产经营单位应当按照安全生产法和有关法律、行政法规和本规定，建立健全安全培训工作制度。

第四条　生产经营单位应当进行安全培训的从业人员包括主要负责人、安全生产管理人员、特种作业人员和其他从业人员。

生产经营单位从业人员应当接受安全培训，熟悉有关安全生产规章制度和安全操作规程，具备必要的安全生产知识，掌握本岗位的安全操作技能，增强预防事故、控制职业危害和应急处理的能力。

未经安全生产培训合格的从业人员，不得上岗作业。

第五条　国家安全生产监督管理总局指导全国安全培训工作，依法对全国的安全培训工作实施监督管理。

国务院有关主管部门按照各自职责指导监督本行业安全培训工作，并按照本规定制定实施办法。

国家煤矿安全监察局指导监督检查全国煤矿安全培训工作。

各级安全生产监督管理部门和煤矿安全监察机构(以下简称安全生产监管监察部门)按照各自的职责，依法对生产经营单位的安全培训工作实施监督管理。

第二章　主要负责人、安全生产管理人员的安全培训

第六条　生产经营单位主要负责人和安全生产管理人员应当接受安全培训，具备与所从事的生产经营活动相适应的安全生产知识和管理能力。

煤矿、非煤矿山、危险化学品、烟花爆竹等生产经营单位主要负责人和安全生产管理人员，必须接受专门的安全培训，经安全生产监管监察部门对其安全生产知识和管理能力考核合格，取得安全资格证书后，方可任职。

第七条　生产经营单位主要负责人安全培训应当包括下列内容：

(一)国家安全生产方针、政策和有关安全生产的法律、法规、规章及标准；

(二)安全生产管理基本知识、安全生产技术、安全生产专业知识；

(三)重大危险源管理、重大事故防范、应急管理和救援组织以及事故调查处理的有关规定；

(四)职业危害及其预防措施;

(五)国内外先进的安全生产管理经验;

(六)典型事故和应急救援案例分析;

(七)其他需要培训的内容。

第八条　生产经营单位安全生产管理人员安全培训应当包括下列内容:

(一)国家安全生产方针、政策和有关安全生产的法律、法规、规章及标准;

(二)安全生产管理、安全生产技术、职业卫生等知识;

(三)伤亡事故统计、报告及职业危害的调查处理方法;

(四)应急管理、应急预案编制以及应急处置的内容和要求;

(五)国内外先进的安全生产管理经验;

(六)典型事故和应急救援案例分析;

(七)其他需要培训的内容。

第九条　生产经营单位主要负责人和安全生产管理人员初次安全培训时间不得少于32学时。每年再培训时间不得少于12学时。

煤矿、非煤矿山、危险化学品、烟花爆竹等生产经营单位主要负责人和安全生产管理人员安全资格培训时间不得少于48学时;每年再培训时间不得少于16学时。

第十条　生产经营单位主要负责人和安全生产管理人员的安全培训必须依照安全生产监管监察部门制定的安全培训大纲实施。

非煤矿山、危险化学品、烟花爆竹等生产经营单位主要负责人和安全生产管理人员的安全培训大纲及考核标准由国家安全生产监督管理总局统一制定。

煤矿主要负责人和安全生产管理人员的安全培训大纲及考核标准由国家煤矿安全监察局制定。

煤矿、非煤矿山、危险化学品、烟花爆竹以外的其他生产经营单位主要负责人和安全管理人员的安全培训大纲及考核标准,由省、自治区、直辖市安全生产监督管理部门制定。

第十一条　煤矿、非煤矿山、危险化学品、烟花爆竹等生产经营单位主要负责人和安全生产管理人员安全资格培训,必须由安全生产监管监察部门认定的具备相应资质的安全培训机构实施。

第十二条　煤矿、非煤矿山、危险化学品、烟花爆竹等生产经营单位主要负责人和安全生产管理人员,经安全资格培训考核合格,由安全生产监管监察部门发给安全资格证书。

其他生产经营单位主要负责人和安全生产管理人员经安全生产监管监察部门认定的具备相应资质的培训机构培训合格后,由培训机构发给相应的培训合格证书。

第三章　其他从业人员的安全培训

第十三条　煤矿、非煤矿山、危险化学品、烟花爆竹等生产经营单位必须对新上岗的临时工、合同工、劳务工、轮换工、协议工等进行强制性安全培训,保证其具备本岗位安全操作、自救互救以及应急处置所需的知识和技能后,方能安排上岗作业。

第十四条　加工、制造业等生产单位的其他从业人员,在上岗前必须经过厂(矿)、车间(工段、区、队)、班组三级安全培训教育。

生产经营单位可以根据工作性质对其他从业人员进行安全培训,保证其具备本岗位安全操作、应急处置等知识和技能。

第十五条　生产经营单位新上岗的从业人员，岗前培训时间不得少于24学时。

煤矿、非煤矿山、危险化学品、烟花爆竹等生产经营单位新上岗的从业人员安全培训时间不得少于72学时，每年接受再培训的时间不得少于20学时。

第十六条　厂(矿)级岗前安全培训内容应当包括：

(一)本单位安全生产情况及安全生产基本知识；

(二)本单位安全生产规章制度和劳动纪律；

(三)从业人员安全生产权利和义务；

(四)有关事故案例等。

煤矿、非煤矿山、危险化学品、烟花爆竹等生产经营单位厂(矿)级安全培训除包括上述内容外，应当增加事故应急救援、事故应急预案演练及防范措施等内容。

第十七条　车间(工段、区、队)级岗前安全培训内容应当包括：

(一)工作环境及危险因素；

(二)所从事工种可能遭受的职业伤害和伤亡事故；

(三)所从事工种的安全职责、操作技能及强制性标准；

(四)自救互救、急救方法、疏散和现场紧急情况的处理；

(五)安全设备设施、个人防护用品的使用和维护；

(六)本车间(工段、区、队)安全生产状况及规章制度；

(七)预防事故和职业危害的措施及应注意的安全事项；

(八)有关事故案例；

(九)其他需要培训的内容。

第十八条　班组级岗前安全培训内容应当包括：

(一)岗位安全操作规程；

(二)岗位之间工作衔接配合的安全与职业卫生事项；

(三)有关事故案例；

(四)其他需要培训的内容。

第十九条　从业人员在本生产经营单位内调整工作岗位或离岗一年以上重新上岗时，应当重新接受车间(工段、区、队)和班组级的安全培训。

生产经营单位实施新工艺、新技术或者使用新设备、新材料时，应当对有关从业人员重新进行有针对性的安全培训。

第二十条　生产经营单位的特种作业人员，必须按照国家有关法律、法规的规定接受专门的安全培训，经考核合格，取得特种作业操作资格证书后，方可上岗作业。

特种作业人员的范围和培训考核管理办法，另行规定。

第四章　安全培训的组织实施

第二十一条　国家安全生产监督管理总局组织、指导和监督中央管理的生产经营单位的总公司(集团公司、总厂)的主要负责人和安全生产管理人员的安全培训工作。

国家煤矿安全监察局组织、指导和监督中央管理的煤矿企业集团公司(总公司)的主要负责人和安全生产管理人员的安全培训工作。

省级安全生产监督管理部门组织、指导和监督省属生产经营单位及所辖区域内中央管理的工矿商贸生产经营单位的分公司、子公司主要负责人和安全生产管理人员的培训工作;组织、指导和监督特种作业人员的培训工作。

省级煤矿安全监察机构组织、指导和监督所辖区域内煤矿企业的主要负责人、安全生产管理人员和特种作业人员(含煤矿矿井使用的特种设备作业人员)的安全培训工作。

市级、县级安全生产监督管理部门组织、指导和监督本行政区域内除中央企业、省属生产经营单位以外的其他生产经营单位的主要负责人和安全生产管理人员的安全培训工作。

生产经营单位除主要负责人、安全生产管理人员、特种作业人员以外的从业人员的安全培训工作,由生产经营单位组织实施。

第二十二条　具备安全培训条件的生产经营单位,应当以自主培训为主;可以委托具有相应资质的安全培训机构,对从业人员进行安全培训。

不具备安全培训条件的生产经营单位,应当委托具有相应资质的安全培训机构,对从业人员进行安全培训。

第二十三条　生产经营单位应当将安全培训工作纳入本单位年度工作计划。保证本单位安全培训工作所需资金。

第二十四条　生产经营单位应建立健全从业人员安全培训档案,详细、准确记录培训考核情况。

第二十五条　生产经营单位安排从业人员进行安全培训期间,应当支付工资和必要的费用。

第五章　监督管理

第二十六条　安全生产监管监察部门依法对生产经营单位安全培训情况进行监督检查,督促生产经营单位按照国家有关法律法规和本规定开展安全培训工作。

县级以上地方人民政府负责煤矿安全生产监督管理的部门对煤矿井下作业人员的安全培训情况进行监督检查。煤矿安全监察机构对煤矿特种作业人员安全培训及其持证上岗的情况进行监督检查。

第二十七条　各级安全生产监管监察部门对生产经营单位安全培训及其持证上岗的情况进行监督检查,主要包括以下内容:

(一)安全培训制度、计划的制定及其实施的情况;

(二)煤矿、非煤矿山、危险化学品、烟花爆竹等生产经营单位主要负责人和安全生产管理人员安全资格证持证上岗的情况;其他生产经营单位主要负责人和安全生产管理人员培训的情况;

(三)特种作业人员操作资格证持证上岗的情况;

(四)建立安全培训档案的情况;

(五)其他需要检查的内容。

第二十八条　安全生产监管监察部门对煤矿、非煤矿山、危险化学品、烟花爆竹等生产经营单位的主要负责人、安全管理人员应当按照本规定严格考核和颁发安全资格证书。考核不得收费。

安全生产监管监察部门负责考核、发证的有关人员不得玩忽职守和滥用职权。

第六章 罚则

第二十九条 生产经营单位有下列行为之一的，由安全生产监管监察部门责令其限期改正，并处2万元以下的罚款：

（一）未将安全培训工作纳入本单位工作计划并保证安全培训工作所需资金的；

（二）未建立健全从业人员安全培训档案的；

（三）从业人员进行安全培训期间未支付工资并承担安全培训费用的。

第三十条 生产经营单位有下列行为之一的，由安全生产监管监察部门责令其限期改正；逾期未改正的，责令停产停业整顿，并处2万元以下的罚款：

（一）煤矿、非煤矿山、危险化学品、烟花爆竹等生产经营单位主要负责人和安全管理人员未按本规定经考核合格的；

（二）非煤矿山、危险化学品、烟花爆竹等生产经营单位未按照本规定对其他从业人员进行安全培训的；

（三）非煤矿山、危险化学品、烟花爆竹等生产经营单位未如实告知从业人员有关安全生产事项的；

（四）生产经营单位特种作业人员未按照规定经专门的安全培训机构培训并取得特种作业人员操作资格证书，上岗作业的。

县级以上地方人民政府负责煤矿安全生产监督管理的部门发现煤矿未按照本规定对井下作业人员进行安全培训的，责令限期改正，处10万元以上50万元以下的罚款；逾期未改正的，责令停产停业整顿。

煤矿安全监察机构发现煤矿特种作业人员无证上岗作业的，责令限期改正，处10万元以上50万元以下的罚款；逾期未改正的，责令停产停业整顿。

第三十一条 生产经营单位有下列行为之一的，由安全生产监管监察部门给予警告，吊销安全资格证书，并处3万元以下的罚款：

（一）编造安全培训记录、档案的；

（二）骗取安全资格证书的。

第三十二条 安全生产监管监察部门有关人员在考核、发证工作中玩忽职守、滥用职权的，由上级安全生产监管监察部门或者行政监察部门给予记过、记大过的行政处分。

第七章 附则

第三十三条 生产经营单位主要负责人是指有限责任公司或者股份有限公司的董事长、总经理，其他生产经营单位的厂长、经理、（矿务局）局长、矿长（含实际控制人）等。

生产经营单位安全生产管理人员是指生产经营单位分管安全生产的负责人、安全生产管理机构负责人及其管理人员，以及未设安全生产管理机构的生产经营单位专、兼职安全生产管理人员等。

生产经营单位其他从业人员是指除主要负责人、安全生产管理人员和特种作业人员以外，该单位从事生产经营活动的所有人员，包括其他负责人、其他管理人员、技术人员和各岗位的工人以及临时聘用的人员。

第三十四条 省、自治区、直辖市安全生产监督管理部门和省级煤矿安全监察机构可以根据本规定制定实施细则，报国家安全生产监督管理总局和国家煤矿安全监察局备案。

第三十五条 本规定自2006年3月1日起施行。

2.6 生产设备设施

2.6.1 生产设备设施建设

企业建设项目的所有设备设施应符合有关法律法规、标准规范要求，安全设备设施应与建设项目主体工程同时设计、同时施工、同时投入生产和使用。

生产设备设施变更应执行变更管理制度，履行变更程序，并对变更的全过程进行隐患控制。

生产设备设施是实现生产目标、保证产品质量、保障生产安全的物质基础。国家根据不同行业的特点和潜在危害因素，有针对性地制定了相应的法律法规、标准规范，企业的生产设备设施必须满足相关法律法规、标准规范的要求。安全设备设施的投入运行能将生产经营活动中的危险、有害因素控制在安全范围内，从而预防、减少、消除危害。

安全设施主要分为预防事故设施、控制事故设施、减少与消除事故影响设施3类。

1. 预防事故设施

(1)检查、报警设施：压力、温度、液位、流量、组分等的报警设施，可燃液体、有毒有害气体、氧气等的检测和报警设施，用于安全检查和安全数据分析等的检验检测设备、仪器。

(2)设备安全防护设施：防护罩、防护屏、负荷限制器、行程限制器、制动、限速、防雷、防潮、防晒、防冻、防腐、防渗漏等设施，传动设备安全闭锁设施，电器过载保护设施，静电接地设施。

(3)防爆设施：各种电气、仪表的防爆设施，抑制助燃物品混入、易燃易爆气体和粉尘形成等设施，阻隔防爆器材，防爆工具。

(4)作业场所防护设施：作业场所的防辐射、防静电、防噪音、通风(除尘、排毒)、防护栏(网)、防滑、防灼烫等设施。

(5)安全警示标志：包括各种指示、警示作业安全和逃生避难及风向等的警示标志。

2. 控制事故设施

(1)泄压和止逆设施：用于泄压的阀门、爆破片、放空管等设施，用于止逆的阀门等设施，真空系统的密封设施。

(2)紧急处理设施：紧急备用电源，紧急切断、分流、排放(火炬)、吸收、中和、冷却等设施，通入或者加入惰性气体、反应抑制剂等设施，紧急停车、仪表连锁等设施。

3. 减少与消除事故影响设施

(1)防止火灾蔓延设施：阻火器、安全水封、回火防止器、防油(火)堤、防爆墙、防爆门、防火墙、防火门、蒸汽幕、水幕等设施。

(2)灭火设施：水喷淋、惰性气体、蒸气、泡沫释放等灭火设施，消火栓、高压水枪(炮)、消防车、消防水管网、消防站等。

(3)紧急个人处置设施：洗眼器、喷淋器、逃生器、逃生索、应急照明等设施。

(4)应急救援设施：堵漏、工程抢险装备和现场受伤人员医疗抢救装备。

(5)逃生避难设施：逃生和避难的安全通道(梯)、安全避难所(带空气呼吸系统)、避难信号等。

(6)劳动防护用品和装备：包括头部、面部、视觉、呼吸、听觉、四肢、躯干等身体器官的防火、防毒、防灼烫、防腐蚀、防噪声、防光射、防高处坠落、防砸击、防刺伤等免受作业场所物理、化学因素伤害的劳动防护用品和装备。

《中华人民共和国安全生产法》第二十四条规定："生产经营单位新建、改建、扩建工程项目(以下统称建设项目)的安全设施，必须与主体工程同时设计、同时施工、同时投入生产和使用。安全设施投资应当纳入建设项目概算。"这就是通常所称的"三同时"原则。建设项目"三同时"是企业安全生产重要的事前保障措施，对贯彻"安全第一、预防为主、综合治理"的安全生产方针，改善劳动条件，防止发生事故，促进经济发展具有重要意义。一般来说，建设项目安全设施的"三同时"，应当达到以下要求：

(1)建设项目的设计单位在编制项目设计文件时，应同时按照有关法律、法规、国家标准或者行业标准，编制安全设施的设计文件；

(2)生产经营单位在编制建设项目投资计划和财务计划时，应将安全设施所需投资一并纳入计划，同时编报；

(3)对于按照有关规定项目设计需要报经主管部门批准的建设项目，在报批时，应当同时报送安全设施设计文件；

(4)生产经营单位应当要求具体从事建设项目施工的单位严格按照安全设施的施工图纸和设计要求施工；

(5)在生产设备调试阶段，应同时对安全设施进行调试和考核，对其效果作出评价；

(6)建设项目预验收时，应同时对安全设施进行验收；

(7)安全设施应当与主体工程同时投入生产和使用。

项目建议书应符合国家的法律法规和产业发展政策。在进行可行性论证时，必须进行安全论证，分析可能的危险、有害因素，确定预防措施，并将论证结果载入可行性研究报告。设计单位在编制初步设计报告时，应同时编著《安全专篇》，并符合国家标准或行业标准。《安全专篇》需要审查的，应按规定由有关部门审查。施工单位必须按照审查批准的设计报告进行施工，编制《总体开工方案》，不得擅自更改安全设施的设计，并对施工质量负责。建设项目的验收，必须按照国家有关建设项目安全验收的规定进行，不符合安全规程和行业技术规范的，不得验收，不得投入使用。安全设施必须和生产设施同时投入使用，不得将安全设施闲置不用。

法律、规章对新建、扩建、改建项目有安全许可等要求的，应按规定办理。如《危险化学品建设项目安全许可实施办法》(国家安全生产监督管理总局令第8号)规定，对新建、改建、扩建危险化学品生产、储存装置和设施，伴有危险化学品产生的化学品生产装置和设施的建设项目，实施安全许可管理。建设项目未经安全许可的，不得建设或者投入生产(使用)。

对建设项目来说，变更是经常发生的事情，可能发生厂址的改变、工艺的改变、设备的改变、产品的改变、安装位置的改变、管道走向的改变等。变更应按照相关规定和程序来进行，并制定合理的变更管理制度。变更涉及需要进行安全审查、安全评价的项目，应当重新进行安全审查、安全评价。变更过程中的相关资料，变更过程的风险评价报告等有关材料和资料应归档管理。变更一般包括变更申请、批准、实施、验收等过程。根据变更规模的大小，实施变更还可能涉及可行性研究、设计、施工等过程。

2.6.2 设备设施运行管理

企业应制定生产、安全设备设施管理制度，明确管理部门和责任，并将责任分解落实到人。企业建立设备设施台账，详细记录设备名称、生产厂商、技术要求、用途、检验检测时间、维护保养状况、管理责任落实等情况。设备操作人员使用设备前应掌握操作技术和操作规程，按规定使用、维护和保养，确保设备设施状况良好，符合国家有关规定和标准，保证设备设施的运行安全。

企业应实行专人负责安全设施的管理机制，定期对安全设施进行检查和维护保养，确保安全设施有效，并将检查和维护保养记录存档。

安全设施的检维修应与生产设施检维修等同管理，编制安全设施检维修计划，定期检维修。安全设施因检维修拆除的，应采取临时安全措施，弥补因为安全设施拆除而造成的安全防护能力降低的缺陷，检维修完毕后应立即复原安全设施。

生产设施、安全设施检维修事故易发，检维修前应分析检维修风险，制定检维修工作方案，确定风险防范措施，准备必要的检维修物资、器材，办理高危作业许可，严格按检维修方案展开检维修工作，并做好检维修记录。

2.6.3 新设备设施验收及旧设备拆除、报废

设备的安全性贯穿在设备的生命周期中，设备在设计、制造、安装、使用、检测、维修、改造、拆除和报废的每个阶段、每个环节，都应符合有关法律法规、标准规范的要求，从整体上保证和提高设备的安全性、可靠性、可维修性、经济性。

设备到货验收是下一阶段安装、使用安全的前提，不合格的设备一经安装，将给生产使用带来严重隐患，企业应特别注重设备到货验收，检查包装有无损伤，设备的件数、名称是否与合同相符，设备技术资料(图样、使用与保养说明书、备件目录等)、随机配件、专用工具、监测和诊断仪器等是否与合同内容、技术要求相符，有无因装卸或运输保管等方面的原因而导致设备残损。设备验收合格后，相关验收人员应编写验收报告或填写验收单。

企业应执行生产设施拆除和报废管理制度，对各类设备设施要根据其磨损、腐蚀情况和生产工艺要求，确定报废的年限，建立明确的报废规定，对不符合安全条件的设备要及时报废，防止引发生产安全事故。在组织实施生产设备设施拆除施工作业前，要制定拆除计划或方案，办理拆除设施交接手续，并经处理、验收合格。报废容器内的危险化学品应按规范处置。

《中华人民共和国安全生产法》第三十二条第二章规定："生产经营单位生产、经营、运输、储存、使用危险物品或者处置废弃危险物品，必须执行有关法律、法规和国家标准或者行业标准，建立专门的安全管理制度，采用可靠的安全措施，接受有关主管部门依法实施的监督管理。"用于加工、储存易燃、易爆、有毒、有害危险物质的设备设施，在拆除作业过程中，稍有不慎或考虑不周就可能引发事故，将对生命财产安全造成重大损害。企业应对拆除工作进行风险评估，针对存在的风险，制定相应防范措施和应急救援预案；按照生产设施拆除和报废管理制度，制定拆除方案，明确拆除和报废的验收责任部门、责任人及职责，确定工作程序；施工单位的现场负责人与生产装置(设备)使用单位进行施工现场交底，在落实具体任务和安全措施、办理相关拆除手续后方可实施拆除。拆除施工中，要对拆除的设备、零件、物品进行妥善放置和处理，确保拆除施工的安全。在拆除施工结束后，要填写拆除验收记录及报告。

2.7 作业安全

2.7.1 生产现场管理和生产过程控制

对生产现场及生产过程的管理，是安全管理中的一个重要方面，是一个动态、复杂、多变的系统，物料自身的安全特性及其流动情况、设备设施的运行状况、器材的定置及使用情况、通道的占用情况以及作业环境的变化情况等，都必须处于动态的监控状态。监控的主要形式是通过生产过程中的动态的隐患排查，发现存在的隐患，制定有针对性的控制措施，及时动态治理发现的隐患。

对于大部分企业来讲，现场最常见的包括动火作业、受限空间内作业、临时用电作业、高处作业等活动，必须在作业前对整个过程的每一个环节进行充分的危险因素分析，包括准备过程、作业实施过程、作业后的整理或复位等可能存在的人的不安全行为、物的不安全状态、环境方面的欠缺、管理方面的缺陷等。在此基础上，制定出切实可行的安全控制措施，并在相关作业许可证的审批过程中予以充分关注。

爆破、吊装、进入受限空间等作业一般具有很高的危险性，过程中的一个环节如果没有控制好，就可能会带来严重的后果，所以应安排专人进行现场监护和安全管理，确保遵守相关的安全规程，落实安全措施，保证作业安全，对整个活动中各环节的安全管理，同样要按上述的要求进行有效的管理与控制，尤其是对部门交叉或空间交叉的环节，更应注意分析与控制，并做好协调工作。参与的每一个人能否按规定进行作业、有关规程及制度的落实情况、现场指挥者的指挥与协调能力，是现场管理人员必须全过程加以重点关注的。

2.7.2 作业行为管理

企业应加强生产作业行为的安全管理。对作业行为隐患、设备设施使用隐患、工艺技术隐患等进行分析，采取控制措施。

如何有效分析并控制人的不安全行为是安全管理中的一大难题，但又是安全管理中最重要的环节之一。人的不安全行为分为两类，一种是无意识的或习以为常的行为，也就是对于某些行为可能带来的伤害及其他不良后果，当事人及管理者预先没有意识到，相关规程也不可能对这些作业行为予以规范；另一种是危险性已经知道，而且相关规程已经作出了明确规定或要求的违章行为。

从安全管理的角度看，这两种不安全行为的性质、特点完全不同。对于第一种的无意识的作业行为，需要预先进行系统的分析，找出隐患，包括当事人自身行为的不恰当、有关设备设施存在的缺陷、工艺技术的不合理等可能带来的危险。然后根据排查出来的隐患的特点，制定有针对性的措施对这些隐患实施控制，通过规程规定去改变这些习以为常的不良行为或习惯，或者对有关设备设施的使用方式以及对工艺技术规定做出调整。

另一种是违章行为，对这种行为，则需通过日常经常性的检查，时刻关注，及时纠正，以保证所有人员的作业行为能严格按照相关规定进行。对于一些反复出现的违章行为，则需从管理角度去进行分析，找出更好的管理方式，不能仅仅只依靠简单的处罚、考核，以罚代管。

2.7.3 警示标志

企业应根据作业场所的实际情况，按照 GB 2894 及企业内部规定，在有较大危险因素的作业场所和设备设施上，设置明显的安全警示标志，进行危险提示、警示、告知危险的种类、后果及应急措施等。

企业应在设备设施检维修、施工、吊装等作业现场设置警戒区域和警示标志，在检维修现场的坑、井、洼、沟、陡坡等场所设置围栏和警示标志。

《中华人民共和国安全生产法》第二十八条要求："生产经营单位应当在有较大危险因素的生产经营场所和有关设施、设备上，设置明显的安全警示标志。"

在存在危险因素的地方，设置安全警示标志，是对劳动者知情权的保障，有利于提高劳动者的安全生产意识，防止和减少生产安全事故的发生。因此，企业应当按照《安全标志及使用导则》(GB 2894)的规定，在有较大危险因素的生产经营场所和有关设施、设备上，设置明显的安全警示标志。这里的"危险因素"主要是指能对人造成伤亡或者对物造成突发性损害的各种因素。同时，安全警示标志应当设置在作业场所或有关设施、设备的醒目位置，一目了然，让每一个在该场所从事生产经营活动的从业人员，都能够清楚地看到，真正起到警示作业。警示标志应清晰，易于辨识。

安全警示标志，一般由安全色、几何图形和图形符号形成，其目的是要引起人们对危险因素的注意，预防生产安全事故的发生。根据现行有关规定，我国目前使用的安全色主要有四种：

(1)红色，表示禁止、停止，也代表防火；

(2)蓝色：表示指令或必须遵守的规定；

(3)黄色：表示警告、注意；

(4)绿色：表示安全状态、提示或通行。

而我国目前常用的安全警示标志，根据其含义，也可分为四大类：

(1)禁止标志，即圆形内划一斜杠，并用红色描画成较粗的圆环和斜杠，表示"禁止"或"不允许"的含义；

(2)警告标志，即"△"，三角的背景用黄色，三角图形和三角内的图像均用黑色描绘，警告人们注意可能发生的各种危险；

(3)指令表示，即"○"，在圆形内配上指令含义的颜色——蓝色，并用白色绘画必须履行的图形符号，构成"指令标志"，要求到这个地方的人必须遵守；

(4)提示标志，以绿色为背景的长方几何图形，配以白色的文字和图形符号，并标明目标的方向，即构成提示标志，如消防设备提示标志等。

《安全标志及使用导则》规定了安全色、基本安全图形和符号。烟花爆竹等一些行业根据《安全标志及使用导则》的原则，还制定了本行业特色的安全标志(图形或符号)。

2.7.4 相关方管理

企业应对进入同一作业区的相关方进行统一安全管理。

企业不得将项目委托给不具备相应资质或条件的相关方。企业和相关方的项目协议应明确规定双方的安全生产责任和义务。

企业应执行承包商、供应商等相关方管理制度，对其资格预审、选择、开工前准备、作业过程、提供的产品、技术服务、表现评价、续用等进行管理。

相关方的资格预审：主要包括对相关方的资质证书、安全管理机构、安全规章制度、安全操作规程、装备能力、安全业绩、经营范围和能力、负责人和安全管理人员的持证、特种作业人员的持证情况等的提出要求并审核。

相关方选择：企业根据项目的具体情况（包括风险），发布要约，提出安全管理要求。相关方根据要约，编制含有安全生产保障措施的受要约承诺。企业安全生产管理部门对其安全生产保证措施进行审查，作为选择和续用相关方的重要依据。

相关方开工前的准备：承担项目的相关方，应编制项目安全生产计划，对所有人员进行安全教育培训，按规定为员工配备劳动防护用品，检查与作业有关的安全设施，配备安全生产管理人员，接受企业的安全生产教育培训，办理入厂证等。

企业应对相关方的作业过程进行有效监督，定期识别有关的风险。

项目完工后，企业工程项目管理部门应当对相关方的安全生产表现作出评价，将相关方安全生产表现评价送交建设单位，有必要的，抄送企业安全生产管理部门备案，并汇入相关方档案，作为是否续用的依据。

企业应对合格的相关方（或供应商）造册，形成合格相关方（或供应商）名录和档案：

（1）汇总合格的相关方名录一览表或合格的供应商名录一览表，包括名称、具备资质、主要业绩、承包（供应）项目、承包（供应）时间、地址、法人（或项目负责人或联系人）电话、传真号码等；

（2）建立档案，内容包括相关方的资质证书复印件，过去3年的安全生产业绩，安全管理机构，安全管理制度目录，特种作业人员操作证书复印件，安全生产表现评价报告及其他有关资料。

《中华人民共和国安全生产法》第四十条规定："两个以上生产经营单位在同一作业区域内进行生产经营活动，可能危及对方生产安全的，应当签订安全生产管理协议，明确各自的安全生产管理职责和应当采取的安全措施，并指定专职安全生产管理人员进行安全检查与协调。"协作的主要形式是签订并执行安全生产管理协议。各单位应当通过安全生产管理协议互相告知本单位生产的特点、作业场所存在的危险因素、防范措施以及事故应急措施，以使各个单位对该作业区域的安全生产状况有一个整体上的把握。同时，各单位还应当在安全生产管理协议中明确各自的安全生产管理职责和应当采取的安全措施，做到职责清楚、分工明确。为了使安全生产管理协议真正得到贯彻，保证作业区域内的生产安全，各生产经营单位还应当指定专职的安全生产管理人员对作业区域内的安全生产状况进行检查，对检查中发现的安全生产问题及时进行协调、解决。

2.7.5 变更

变更是指机构、人员、管理、工艺、技术、设备设施、材料、作业过程、环境等永久性或暂时性的变化。变更管理是指对这些变化进行有计划的控制，消除或减少由于变更而引发的潜在事故隐患，避免或减轻对安全生产的影响。变更会带来新的风险，变更管理失控，往往会引发事故。为了消除或减少由于变更而引发的潜在事故隐患，规范变更管理，企业应建立变更管理制度，分析并控制变更中所产生的风险，严格履行变更程序，确保变更过程以及变更完成后的生产安全。

变更程序一般包括变更申请、变更审批、变更实施、变更验收等，见图2-2。

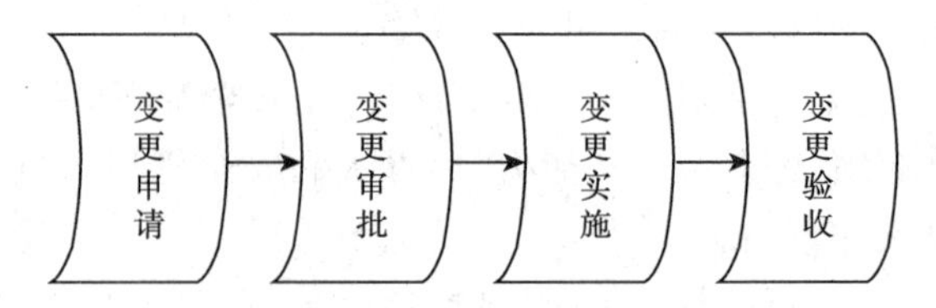

图2-2　变更程序流程图

变更申请应制定统一的变更申请表，明确变更名称、时间、变更部门和负责人、变更说明及依据、风险分析、控制措施等内容。

变更申请表填好后，应逐级上报职能主管部门和主管领导审批。职能主管部门组织有关人员按变更原因和生产的实际需要确定是否进行变更。

变更批准后，由相关职责的主管部门负责实施。实施部门应将变更的内容及时传达给相关人员，对有关人员进行培训，实施变更。变更应该在批准的范围和时限内进行，超过原批准范围和时限的任何临时性变更，都必须重新进行申请和批准。

变更实施结束后，变更主管部门应对变更情况进行验收，确保变更达到计划要求。变更主管部门应及时将变更结果通知相关部门和人员。

2.8　隐患排查和治理

2.8.1　隐患排查

企业应组织事故隐患排查工作，对隐患进行分析评估，确定隐患等级，登记建档，及时采取有效的治理措施。

《中华人民共和国安全生产法》第十七条规定企业主要负责人有“督促、检查本单位的安全生产工作，及时消除生产安全事故隐患”的职责。《国务院办公厅关于在重点行业和领域开展安全生产隐患排查治理专项行动的通知》(国办发〔2007〕16号)指出，经国务院同意，决定在全国重点行业和领域开展安全生产隐患排查治理专项行动，通过开展隐患排查治理专项行动，进一步落实企业的安全生产主体责任和地方人民政府的安全监管主体责任，全面排查治理事故隐患和薄弱环节，认真解决存在的突出问题，建立重大危险源监控机制和重大隐患排查治理机制及分级管理制度，有效防范和遏制重特大事故的发生，促进全国安全生产状况进一步稳定好转。生产企业应该根据相关要求，认真吸取本单位和其他同类企业以往发生事故的教训，结合本单位实际情况，认真组织隐患排查工作，对排查出的隐患进行分析评估，确定隐患等级，分类建档，及时采取有效措施进行消除治理。

《安全生产事故隐患排查治理暂行规定》规定：“事故隐患分为一般事故隐患和重大事故隐患。一般事故隐患，是指危害和整改难度较小，发现后能够立即整改排除的隐患。重大事故隐患，是指危害和整改难度较大，应当全部或者局部停产停业，并经过一定时间整改治理方能排除的隐患，或者因外部因素影响致使生产经营单位自身难以排除的隐患。”

根据《安全生产事故隐患排查治理暂行规定》，生产经营单位是事故隐患排查、治理和防控的责任主体，有以下主要职责。

(1)建立健全事故隐患排查治理和建档监控等制度,逐级建立并落实从主要负责人到每个从业人员的隐患排查治理和监控责任制。

(2)保证事故隐患排查治理所需资金,建立资金使用专项制度。

(3)定期组织安全生产管理人员、工程技术人员和其他相关人员排查本单位的事故隐患。对排查出的事故隐患,应当按照事故隐患的等级进行登记,建立事故隐患信息档案,并按照职责分工实施监控治理。

(4)建立事故隐患报告和举报奖励制度,鼓励、发动职工发现和排除事故隐患,鼓励社会公众举报。对发现、排除和举报事故隐患的有功人员,应当给予物质奖励和表彰。

(5)将生产经营项目、场所、设备发包、出租的,应当与承包、承租单位签订安全生产管理协议,并在协议中明确各方对事故隐患排查、治理和防控的管理职责。对承包、承租单位的事故隐患排查治理负有统一协调和监督管理的职责。

(6)积极配合有关部门的监管检查。

(7)每季、每年对本单位事故隐患排查治理情况进行统计分析,并分别于下一季度15日前和下一年1月31日前向安全监管监察部门和有关部门报送书面统计分析表。统计分析表应当由生产经营单位主要负责人签字。

对于重大事故隐患,生产经营单位除依照前款规定报送外,应当及时向安全监管监察部门和有关部门报告。重大事故隐患报告内容应当包括:①隐患的现状及其产生原因;②隐患的危害程度和整改难易程度分析;③隐患的治理方案。

(8)加强对自然灾害的预防。对于因自然灾害可能导致事故灾难的隐患,应当按照有关法律、法规、标准和本规定的要求排查治理,采取可靠的预防措施,制定应急预案。在接到有关自然灾害预报时,应当及时向下属单位发出预警通知;发生自然灾害可能危及生产经营单位和人员安全的情况时,应当采取撤离人员、停止作业、加强监测等安全措施,并及时向当地人民政府及其有关部门报告。

(9)地方人民政府或者安全监管监察部门及有关部门挂牌督办并责令全部或者局部停产停业治理的重大事故隐患,治理工作结束后,应当对治理情况进行评估。治理后符合安全生产条件的,经安全监管监察部门和有关部门审查同意后,方可恢复生产经营。

当企业操作条件或工艺改变,新建、改建、扩建项目建设,相关方进入、撤出或改变等生产条件的改变或组织机构发生大的调整时,都有可能产生新的隐患;当新的法律法规、标准规范颁布后,因为安全生产的要求不同,使得原来不列入隐患范围的成为新的隐患。因此,在发生这些变化后,应及时组织隐患排查工作,以便发现新的隐患并治理。

隐患排查工作可以及时发现企业生产过程中的危险有害因素,以便有计划地制定整改措施,保证生产安全。因此,隐患排查工作是安全生产工作的重要内容。企业应根据法律法规、方针政策、生产实际情况等有关要求,制定长期和阶段性的隐患排查工作方案,确定排查目的、范围,明确排查的时间、资源配置、组织方式等,进行全面或专项的隐患排查工作。

2.8.2 排查范围与方法

企业隐患排查的范围必须包括与生产经营活动相关的所有场所、环境、人员和设备设施。就某一次隐患排查而言,应包括本次排查目的、限定范围内的所有场所、所有环境、所有人员、所有设备,如针对防爆电器设备的专业隐患排查,排查的范围为企业所有场所、环境中的防爆电器设备,以及涉及的人员和管理活动。

隐患排查的组织方式主要有综合检查、专业检查、季节性检查、节假日检查、日常检查等。

(1)综合检查。综合性安全检查是以落实岗位安全责任制为重点、各专业共同参与的全面检查,企业至少每年组织检查或抽查一次,基础单位、班组可以增加综合检查的频次。

(2)专业检查。专业性检查主要是对锅炉、压力容器、电气设备、机械设备、安全装备、监测仪器、危险物品、运输车辆等系统分别进行的专业检查,及在装置开、停机前、新装置竣工及试运转等时期进行的专项安全检查。

(3)季节性检查。季节性检查是根据各季节特点开展的专项检查。春季安全大检查以防雷、防静电、防解冻跑漏为重点;夏季安全大检查以防暑降温、防食物中毒、防台风、防洪汛为重点;秋季安全大检查以防火、防冻保温为重点;冬季安全大检查以防火、防爆、防煤气中毒、防冻防凝、防滑为重点。

(4)节假日检查。节假日检查主要是节前对安全、保卫、消防、生产装备、备用设备、应急预案等进行的检查,特别是对节日干部、检维修队伍的值班安排和原辅料、备品备件、应急预案的落实情况等应进行重点检查。

(5)日常检查。日常检查包括班组、岗位员工的交接班检查和班中巡回检查,以及基层单位领导和工艺、设备、安全等专业技术人员的经常性检查。各岗位应严格履行日常检查制度,特别应对关键装置要害部位的危险点、源进行重点检查和巡查。

隐患排查的方法可以是群查、点查、循章排查和类比复查中的一种或几种组合应用。

(1)群查。群查是指调动员工预防事故的积极性和能动性,同心协力查找生产(工作)中的事故隐患,它包括车间、班组内的自查互查、基层工会的监督检查等形式。群查的优点是把排查事故隐患的视线从身边逐步向远处延伸,既要做好自身岗位设备设施以及周边作业环境中事故隐患的排查,又要以此为基本依据,撒开“大网”,把平时那些司空见惯、习以为常的问题都网在其中,逐一排查,防止出现漏洞。

(2)点查。点查是采取抽样的方式、不定期的“突袭排查”,也可以针对容易形成重大事故隐患的重要部位组织专人进行排查。“点查”能够发现一些平时不容易暴露或预先检查中被“掩饰”的事故隐患,掌握其真实情况,有利于纠偏和事故隐患的治理;也可以突出重点,强化对重要部位的控制和防范。

(3)循章排查。循章排查是遵循法律、法规、标准、条例和操作规程等规定,排查生产过程中的事故隐患,凡不符合法规、标准规定的,都是事故隐患,都有可能出现事故或导致伤亡,必须立即制止,坚决纠正。“循章排查”能提高企业遵章守纪的自觉性,使排查内容“合规合法”。

(4)类比复查。类比复查是借鉴事故案例,复查本单位有没有类似情况,确定事故隐患。企业应善于吸取其他单位的事故案例,将导致事故的原因“对号入座”,排查本单位是否存在这类情况,是否构成了事故隐患。同时,企业要“借题发挥”,要及时将事故案例当作一面镜子,衍射到安全生产的方方面面,反复进行排查。

“群查”与“点查”相结合的事故隐患排查方法,既可以扩大排查的面,又能突出排查中的重点。无论是“群查”还是“点查”,都应针对生产工艺和作业方式的实际,编制事故隐患排查标准,其基本内容为:排查时间、排查内容、执行人、信息交流和反馈的方式和程序等。

“循章排查”和“类比复查”相结合的事故隐患排查方法,可以提高排查的科技含量和排查的合规性及针对性。

排查记录是隐患排查工作的重要组成部分，一般以安全隐患排查表的形式记录相关工作。隐患排查表主要有排查内容、排查情况、检查日期、排查单位、检查人员等项目。

2.8.3 隐患治理

隐患排查的目的是为了治理、消除安全隐患，保障生产安全。企业应根据隐患排查的结果，有针对性地制定隐患治理方案，及时治理、消除隐患。隐患治理一般有工程技术措施，消除和减少危害，实现本质安全；管理措施，消除管理中的缺陷；教育培训措施，杜绝人的不安全行为；个体防护措施，切实保护人员安全。隐患治理应按以上措施的选择顺序制定事故隐患治理措施和方案，落实责任部门和责任人，落实治理整改资金，实施过程监督和整改验收。法规有明确要求的，生产经营单位必须执行相关规定，并予以实施。

对于一般事故隐患，由生产经营单位(车间、分厂、区队等)负责人或者有关人员立即组织整改。

对于重大事故隐患，由生产经营单位主要负责人组织制定并实施事故隐患治理方案。重大事故隐患治理方案应当包括以下内容。

(1)治理的目标和任务。

(2)采取的方法和措施。

(3)经费和物资的落实。

(4)负责治理的机构和人员。

(5)治理的时限和要求。

(6)安全措施和应急预案。

事故隐患治理过程中，应当采取相应的安全防范措施，防止事故发生。事故隐患排除前或者排除过程中无法保证安全的，应当从危险区域内撤出作业人员，并疏散可能危及的其他人员，设置警戒标志，暂时停产停业或者停止使用；对暂时难以停产或者停止使用的相关生产装置、设施、设备，应当加强维护和保养，防止事故发生。

隐患治理在投入与效果相对均衡的前提下，应优先采用工程技术措施，实现本质安全。对不能立即整改的事故隐患，应在治理过程中采取有效的安全防范措施，防止事故发生。

治理完成后，应对治理情况进行验证和效果评估，验证治理的措施是否得当，是否达到了预期效果，隐患是否已经消除，是否满足生产安全运行，是否产生新的安全隐患等。

2.8.4 预测预警

企业应根据生产经营状况及隐患排查治理情况，运用定量的安全生产预测预警技术，建立体现企业安全生产状况及发展趋势的预警指数系统。

传统的安全管理实质是被动的事后管理，过去企业的安全绩效考评是根据各单位发生事故(尤其是伤亡事故)多少来评比的。要真正落实安全生产预防为主，企业必须积极运用安全生产的新思想、新技术、新方法，全面开展安全生产预测预警工作。

现实可行的一种安全生产预警工作方法就是对企业定期排查出的安全隐患进行统计、分析、处理，并对隐患可能导致的后果进行定性分级，并结合安全投入、隐患治理、教育培训、建章立制等因素，运用预测预警技术，建立预测模型，用数值定量化表示企业安全生产现状和趋势，这种数值可称为安全生产预警指数，同时形成直观的、动态的表征企业当前安全生产发展趋势的安全生产预警指数图。

安全预警指数的作用在于能够客观地、定量地对可能发生的危险进行事先预报，提醒企业负责人及全体员工注意，使企业及时、有针对性地采取预防措施，从源头上控制各种不安全因素，最大限度地降低和消除事故发生概率及后果的严重程度，力争做到对企业的安全状况“心中有数”。

2.9 重大危险源监控

2.9.1 辨识与评估

企业应依据有关标准对本单位的危险设施或场所进行重大危险源辨识与安全评估。

《中华人民共和国安全生产法》第九十六条第二款规定：“重大危险源，是指长期地或者临时地生产、搬运、使用或者储存危险物品，且危险物品的数量等于或者超过临界量的单元（包括场所和设施）。”第三十三条规定：“生产经营单位对重大危险源应当登记建档，进行定期检测、评估、监控，并制定应急预案，告知从业人员和相关人员在紧急情况下应当采取的应急措施。生产经营单位应当按照国家有关规定将本单位重大危险源及有关安全措施、应急措施报有关地方人民政府负责安全生产监督管理的部门和有关部门备案。”

重大危险源存在于生产经营场所和有关设施上，是危险物品大量聚集的地方，具有较大的危险性，而且一旦发生生产安全事故，将会对从业人员以及相关人员的人身安全和财产造成比较大的损害。因此，生产经营单位必须对重大危险源进行辨识与安全评估，进行有针对性的有效监控管理。

《重大危险源辨识》（GB 18218—2000）建立了部分危险化学品构成重大危险源的临界数量模型，2009 年已经修改为《危险化学品重大危险源辨识》（GB 18218—2009），自 2009 年 12 月 1 日起实施。2004 年国家安全生产监督管理局下发的《关于展开重大危险源监督管理工作的指导意见》（安监管协调字〔2004〕56 号）文件中对重大危险源的范围进行了扩展，除危险化学品类的重大危险源外，还给出了压力管道、锅炉、压力容器、煤矿（井工开采）、金属非金属地下矿山和尾矿库这六类重大危险源需要申报登记的标准。

（1）危险化学品。危险化学品类以某物品的实际量除以临界量的值为元素，将所有危险化学品计算元素相加大于 1，即构成重大危险源。

（2）压力管道。

①长输管道。一是输送有毒、可燃、易爆气体，且设计压力＞1.6 MPa 的管道。二是输送有毒、可燃、易爆液体介质，输送距离≥200 km 且管道公称直径≥300 mm 的管道。

②公用管道。中压和高压燃气管道，且公称直径≥200 mm。

③工业管道。一是输送 GB 5044 中的毒性程度为极度、高度危害气体、液化气体介质，且公称直径≥100 mm 的管道。二是输送 GB 5044 中极度、高度危害液体介质、GB 50160 及 GBJ 16中规定的火灾危险性为甲、乙类可燃气体，或甲类可燃液体介质，且公称直径≥100 mm，设计压力≥4 MPa 的管道。三是输送其他可燃、有毒流体介质，且公称直径≥100 mm，设计压力≥4 MPa，设计温度≥400℃的管道。

(3)锅炉。

①蒸汽锅炉。额定蒸汽压力>2.5 MPa,且额定蒸发量≥10 t/h。

②热水锅炉。额定出水温度≥120℃,且额定功率≥14 MW。

(4)压力容器。

①介质毒性程度为极度、高度或中度危害的三类压力容器。

②易燃介质,最高工作压力≥0.1 MPa,且 PV≥100 MPa·m^3 的压力容器(群)。

(5)煤矿(井工开采)。

①高瓦斯矿井。

②煤与瓦斯突出矿井。

③有煤尘爆炸危险的矿井。

④水文地质条件复杂的矿井。

⑤煤层自然发火期≤6 个月的矿井。

⑥煤层冲击倾向为中等及以上的矿井。

(6)金属非金属地下矿山。

①瓦斯矿井。

②水文地质条件复杂的矿井。

③有自燃发火危险的矿井。

④有冲击地压危险的矿井。

(7)尾矿库。全库容≥100 万 m^3 或者坝高≥30 m 的尾矿库。

风险评估是重大危险源管理和控制的重要内容。目前,可应用的风险评估方法有数十种,如工作危害分析法、安全检查表分析、危险与可操作性分析、事故树分析、故障树分析、危险指数法等。企业应根据实际,选用最合理的评估方法开展风险评估工作。

2.9.2 登记建档与备案

企业应当对确认的重大危险源及时登记建档,并按规定备案。

重大危险源的档案,包括危险源类型、名称、数量、性质、地理位置、管理人员、安全规章制度、评估报告、检测报告等内容,企业应将所有已确认的重大危险源的相关信息完整记录下来,并建档保存。企业还应当按照国家有关规定,将本单位重大危险源及有关安全措施、应急措施,报负责安全生产监督管理的部门和有关部门备案,以便负责安全生产监督管理的部门和有关部门及时、全面地掌握重大危险源的分布及具体危害情况,有针对性采取措施,加强监督管理,经常性地进行检查,防止生产安全事故的发生。同时,了解生产经营单位重大危险源的情况、安全措施以及应急措施,也有利于有关部门在发生生产安全事故时及时组织抢救,并为事故的调查处理提供方便。

2.9.3 监控与管理

企业应建立健全重大危险源安全管理制度,制定重大危险源安全管理技术措施。

重大危险源的监控与管理如果存在缺陷,可能会给企业、员工、社会带来极其严重的影响和破坏,所以,对重大危险源实施有效的监控与管理是企业安全管理工作中的一个重要部分。《基本规范》强调的对重大危险源的管理,意在强调企业在隐患排查治理的过程中,必须对重大危险源的各项管理策划落实到位，不能有丝毫麻痹。

企业对重大危险源的监控与管理应做到：一是应制定严格的重大危险源管理制度，落实管理和监控责任，编制监控实施方案；二是要保证重大危险源安全管理监控所必需的资金投入，在设施的设计、建设、运营、维护各环节加强技术保障措施；三是要对从业人员进行安全教育和技术培训，使其掌握本岗位的安全操作技能和在紧急情况下应当采取的应急措施；四是要在重大危险源现场设置明显的安全警示标志，并加强重大危险源的监控和有关设备、设施的安全管理；五是要对重大危险源的工艺参数、危险物质进行定期的检测，对重要的设备、设施进行经常性的检测、检验，并作好检测、检验记录；六是要对重大危险源的安全状况进行定期检查，并建立重大危险源安全管理档案；七是要对存在事故隐患和缺陷的重大危险源认真进行整改，不能立即整改的，必须采取切实可行的安全措施，防止事故发生；八是要制定重大危险源应急救援预案，落实应急救援预案的各项措施；九是要贯彻执行国家、地区、行业的技术标准，推动技术进步，不断改进监控管理手段，提高监控管理水平，提高重大危险源的安全稳定性。

生产经营单位应对重大危险源建立实时的监控预警系统，应用系统论、控制论、信息论的原理和方法，结合自动检测与传感器技术、计算机仿真、计算机通信等现代高新技术，对危险源对象的安全状况进行实时监控，严密监视可能使危险源对象的安全状态向事故临界状态转化的各种参数变化趋势，及时给出预警信息或应急控制指令，把事故隐患消灭在萌芽状态。

2.10 职业健康

2.10.1 职业健康管理

企业在职业健康保护方面应该履行自己的义务。一是必须贯彻执行《中华人民共和国安全生产法》、《中华人民共和国职业病防治法》、《使用有毒物品作业场所劳动保护条例》、《作业场所职业健康监督管理暂行规定》、《工业企业设计卫生标准》(GBZ 1)、《工作场所有害因素职业接触限值》(GBZ 2)等法律法规、标准规范；二是为劳动者提供的工作环境和工作条件，必须符合国家职业卫生标准和职业健康要求，如，工作场所有害因素的强度或者浓度符合国家职业卫生标准，照明、安全距离等符合国家标准规定，生产布局合理，符合有害与无害作业分开的原则；三是为保护职工健康，在工作场所设置预防、控制或消除职业危害的设施，在劳动过程中配备符合工作需要的工器具，如，设置的事故中和池、洗眼器，以及除尘器、隔声罩、通风系统，配套的更衣间、洗浴间、孕妇休息间等卫生设施，设备、工具、用具等设施符合保护劳动者生理、心理健康的要求。

针对作业场所的职业危害，企业应建立健全工作场所职业病危害因素监测及评价制度，定期检测，并在检测点设置标识牌，将职业危害因素日常监测及评价结果予以公告，以便职工知晓。同时，建立健全职业危害因素检测、监测、评价档案，并将职业健康状况存入健康档案。

企业应在可能发生急性职业危害的有毒、有害工作场所，设置报警装置。如在有硫化氢、一氧化碳、液氨、液氯、苯等有毒、有害气体的场所设置相应的检测报警仪，在有害气体或介质泄漏时进行预警预报。企业对可能发生急性职业危害的有毒、有害工作场所，以及存储设备、设施等，要制定突发事故应急预案。应急救援预案应当包括救援组织、机构和人员职责、应急措施、人员撤离路线和疏散方法、财产保护对策、事故报告途径和方式、预警设施、应急防护用品及使用指南、医疗救护等内容。

对可能发生急性职业危害的有毒、有害工作场所以及存储设备、设施的周边，企业应配置急救用品、设备，如急救箱、呼吸器、中和池、洗眼器、防化服等。设置突发事故(件)应急撤离通道，日常保持畅通。同时，对可能产生有毒、有害介质泄漏的装置要设置泄险区，防止突发事故(件)情况下次生事故的发生。

防护器具设置要取用方便，并实行"四定"管控，即"定置摆放、定人管理、定期校验、定期维护"，形成标准化、规范化的日常管控，使之在突发事故(件)情况下能真正发挥作用。

企业应制定现场急救用品、设备和防护用品的管理制度，加强日常管控，确保其处于正常完好状态。

2.10.2 职业危害告知和警示

企业对从业人员的职业危害有告知的义务，而且须在双方订立的劳动合同中写明。告知劳动过程中可能接触的职业病危害因素的种类、危害程度、危害后果，提供的职业病防护设施和个人使用的职业病防护用品，工资待遇、岗位津贴和工伤社会保险待遇等。

企业应建立职业健康教育培训制度，开展多种形式、多种时段的职业健康教育培训，使从业人员了解生产过程中的职业危害、预防和应急处理措施，降低或消除危害后果。职业健康教育培训包括上岗前、在岗期间的职业健康教育，对承包商、协作方、合作方等相关方进行职业健康教育等，并建立职业健康教育培训档案。

存在高毒物品、放射性因素等严重职业危害的作业岗位，应按照《工作场所职业病危害警示标识》(GBZ 158—2002)的规定设置警示标识和警示说明。

2.10.3 职业危害申报

企业应遵守《中华人民共和国职业病防治法》、《使用有毒物品作业场所劳动保护条例》、《作业场所职业危害申报管理办法》的规定，建立职业危害申报制度，按照《职业病危害因素分类目录》所列职业危害，如实向县级以上安全生产监督管理部门申报，并接受监督。

企业申报职业危害时，应当提交：①《作业场所职业危害申报表》；②生产经营单位的基本情况；③产生职业危害因素的生产技术、工艺和材料的情况；④作业场所职业危害因素的种类、浓度和强度的情况；⑤作业场所接触职业危害因素的人数及分布情况；⑥职业危害防护设施及个人防护用品的配备情况；⑦对接触职业危害因素从业人员的管理情况；⑧法律、法规和规章规定的其他资料。

国家安全生产监督管理总局令

第23号

《作业场所职业健康监督管理暂行规定》已经2009年6月15日国家安全生产监督管理总局局长办公会议审议通过，现予公布，自2009年9月1日起施行。

局长　骆琳

二○○九年七月一日

作业场所职业健康监督管理暂行规定

第一章　总则

第一条　为了加强工矿商贸生产经营单位作业场所职业健康的监督管理，强化生产经营单位职业危害防治的主体责任，预防、控制和消除职业危害，保障从业人员生命安全和健康，根据《职业病防治法》、《安全生产法》等法律、行政法规和国务院有关职业健康监督检查职责调整的规定，制定本规定。

第二条　除煤矿企业以外的工矿商贸生产经营单位（以下简称生产经营单位）作业场所的职业危害防治和安全生产监督管理部门对其实施监督管理工作，适用本规定。

煤矿企业作业场所的职业危害防治和煤矿安全监察机构对其实施监察工作，另行规定。

第三条　生产经营单位应当加强作业场所的职业危害防治工作，为从业人员提供符合法律、法规、规章和国家标准、行业标准的工作环境和条件，采取有效措施，保障从业人员的职业健康。

第四条　生产经营单位是职业危害防治的责任主体。

生产经营单位的主要负责人对本单位作业场所的职业危害防治工作全面负责。

第五条　国家安全生产监督管理总局负责全国生产经营单位作业场所职业健康的监督管理工作。

县级以上地方人民政府安全生产监督管理部门负责本行政区域内生产经营单位作业场所职业健康的监督管理工作。

第六条　为作业场所职业危害防治提供技术服务的职业健康技术服务机构，应当依照法律、法规、规章和执业准则，为生产经营单位提供技术服务。

第七条　任何单位和个人均有权向安全生产监督管理部门举报生产经营单位违反本规定的行为和职业危害事故。

第二章　生产经营单位的职责

第八条　存在职业危害的生产经营单位应当设置或者指定职业健康管理机构，配备专职或者兼职的职业健康管理人员，负责本单位的职业危害防治工作。

第九条　生产经营单位的主要负责人和职业健康管理人员应当具备与本单位所从事的生产经营活动相适应的职业健康知识和管理能力，并接受安全生产监督管理部门组织的职业健康培训。

第十条　生产经营单位应当对从业人员进行上岗前的职业健康培训和在岗期间的定期职业健康培训，普及职业健康知识，督促从业人员遵守职业危害防治的法律、法规、规章、国家标准、行业标准和操作规程。

第十一条　存在职业危害的生产经营单位应当建立、健全下列职业危害防治制度和操作规程：

（一）职业危害防治责任制度；

（二）职业危害告知制度；

（三）职业危害申报制度；

（四）职业健康宣传教育培训制度；

（五）职业危害防护设施维护检修制度；

（六）从业人员防护用品管理制度；

（七）职业危害日常监测管理制度；

（八）从业人员职业健康监护档案管理制度；

（九）岗位职业健康操作规程；

（十）法律、法规、规章规定的其他职业危害防治制度。

第十二条 存在职业危害的生产经营单位的作业场所应当符合下列要求：

（一）生产布局合理，有害作业与无害作业分开；

（二）作业场所与生活场所分开，作业场所不得住人；

（三）有与职业危害防治工作相适应的有效防护设施；

（四）职业危害因素的强度或者浓度符合国家标准、行业标准；

（五）法律、法规、规章和国家标准、行业标准的其他规定。

第十三条 存在职业危害的生产经营单位，应当按照有关规定及时、如实将本单位的职业危害因素向安全生产监督管理部门申报，并接受安全生产监督管理部门的监督检查。

第十四条 新建、改建、扩建的工程建设项目和技术改造、技术引进项目（以下统称建设项目）可能产生职业危害的，建设单位应当按照有关规定，在可行性论证阶段委托具有相应资质的职业健康技术服务机构进行预评价。职业危害预评价报告应当报送建设项目所在地安全生产监督管理部门备案。

第十五条 产生职业危害的建设项目应当在初步设计阶段编制职业危害防治专篇。职业危害防治专篇应当报送建设项目所在地安全生产监督管理部门备案。

第十六条 建设项目的职业危害防护设施应当与主体工程同时设计、同时施工、同时投入生产和使用（以下简称“三同时”）。职业危害防护设施所需费用应当纳入建设项目工程预算。

第十七条 建设项目在竣工验收前，建设单位应当按照有关规定委托具有相应资质的职业健康技术服务机构进行职业危害控制效果评价。建设项目竣工验收时，其职业危害防护设施依法经验收合格，取得职业危害防护设施验收批复文件后，方可投入生产和使用。

职业危害控制效果评价报告、职业危害防护设施验收批复文件应当报送建设项目所在地安全生产监督管理部门备案。

第十八条 存在职业危害的生产经营单位，应当在醒目位置设置公告栏，公布有关职业危害防治的规章制度、操作规程和作业场所职业危害因素监测结果。

对产生严重职业危害的作业岗位，应当在醒目位置设置警示标识和中文警示说明。警示说明应当载明产生职业危害的种类、后果、预防和应急处置措施等内容。

第十九条 生产经营单位必须为从业人员提供符合国家标准、行业标准的职业危害防护用品，并督促、教育、指导从业人员按照使用规则正确佩戴、使用，不得发放钱物替代发放职业危害防护用品。

生产经营单位应当对职业危害防护用品进行经常性的维护、保养，确保防护用品有效。不得使用不符合国家标准、行业标准或者已经失效的职业危害防护用品。

第二十条 生产经营单位对职业危害防护设施应当进行经常性的维护、检修和保养，定期检测其性能和效果，确保其处于正常状态。不得擅自拆除或者停止使用职业危害防护设施。

第二十一条　存在职业危害的生产经营单位应当设有专人负责作业场所职业危害因素日常监测，保证监测系统处于正常工作状态。监测的结果应当及时向从业人员公布。

第二十二条　存在职业危害的生产经营单位应当委托具有相应资质的中介技术服务机构，每年至少进行一次职业危害因素检测，每三年至少进行一次职业危害现状评价。定期检测、评价结果应当存入本单位的职业危害防治档案，向从业人员公布，并向所在地安全生产监督管理部门报告。

第二十三条　生产经营单位在日常的职业危害监测或者定期检测、评价过程中，发现作业场所职业危害因素的强度或者浓度不符合国家标准、行业标准的，应当立即采取措施进行整改和治理，确保其符合职业健康环境和条件的要求。

第二十四条　向生产经营单位提供可能产生职业危害的设备的，应当提供中文说明书，并在设备的醒目位置设置警示标识和中文警示说明。警示说明应当载明设备性能、可能产生的职业危害、安全操作和维护注意事项、职业危害防护措施等内容。

第二十五条　向生产经营单位提供可能产生职业危害的化学品等材料的，应当提供中文说明书。说明书应当载明产品特性、主要成份、存在的有害因素、可能产生的危害后果、安全使用注意事项、职业危害防护和应急处置措施等内容。产品包装应当有醒目的警示标识和中文警示说明。贮存场所应当设置危险物品标识。

第二十六条　任何生产经营单位不得使用国家明令禁止使用的可能产生职业危害的设备或者材料。

第二十七条　任何单位和个人不得将产生职业危害的作业转移给不具备职业危害防护条件的单位和个人。不具备职业危害防护条件的单位和个人不得接受产生职业危害的作业。

第二十八条　生产经营单位应当优先采用有利于防治职业危害和保护从业人员健康的新技术、新工艺、新材料、新设备，逐步替代产生职业危害的技术、工艺、材料、设备。

第二十九条　生产经营单位对采用的技术、工艺、材料、设备，应当知悉其可能产生的职业危害，并采取相应的防护措施。对可能产生职业危害的技术、工艺、材料、设备故意隐瞒其危害而采用的，生产经营单位主要负责人对其所造成的职业危害后果承担责任。

第三十条　生产经营单位与从业人员订立劳动合同（含聘用合同，下同）时，应当将工作过程中可能产生的职业危害及其后果、职业危害防护措施和待遇等如实告知从业人员，并在劳动合同中写明，不得隐瞒或者欺骗。生产经营单位应当依法为从业人员办理工伤保险，缴纳保险费。

从业人员在履行劳动合同期间因工作岗位或者工作内容变更，从事与所订立劳动合同中未告知的存在职业危害的作业的，生产经营单位应当依照前款规定，向从业人员履行如实告知的义务，并协商变更原劳动合同相关条款。

生产经营单位违反本条第一款、第二款规定的，从业人员有权拒绝作业。生产经营单位不得因从业人员拒绝作业而解除或者终止与从业人员所订立的劳动合同。

第三十一条　对接触职业危害的从业人员，生产经营单位应当按照国家有关规定组织上岗前、在岗期间和离岗时的职业健康检查，并将检查结果如实告知从业人员。职业健康检查费用由生产经营单位承担。

生产经营单位不得安排未经上岗前职业健康检查的从业人员从事接触职业危害的作业；不得安排有职业禁忌的从业人员从事其所禁忌的作业；对在职业健康检查中发现有与所从事职业相关的健康损害的从业人员，应当调离原工作岗位，并妥善安置；对未进行离岗前职业健康检查的从业人员，不得解除或者终止与其订立的劳动合同。

第三十二条　生产经营单位应当为从业人员建立职业健康监护档案，并按照规定的期限妥善保存。

从业人员离开生产经营单位时，有权索取本人职业健康监护档案复印件，生产经营单位应当如实、无偿提供，并在所提供的复印件上签章。

第三十三条　生产经营单位不得安排未成年工从事接触职业危害的作业；不得安排孕期、哺乳期的女职工从事对本人和胎儿、婴儿有危害的作业。

第三十四条　生产经营单位发生职业危害事故，应当及时向所在地安全生产监督管理部门和有关部门报告，并采取有效措施，减少或者消除职业危害因素，防止事故扩大。对遭受职业危害的从业人员，及时组织救治，并承担所需费用。

生产经营单位及其从业人员不得迟报、漏报、谎报或者瞒报职业危害事故。

第三十五条　作业场所使用有毒物品的生产经营单位，应当按照有关规定向安全生产监督管理部门申请办理职业卫生安全许可证。

第三十六条　生产经营单位在安全生产监督管理部门行政执法人员依法履行监督检查职责时，应当予以配合，不得拒绝、阻挠。

第三章　监督管理

第三十七条　安全生产监督管理部门依法对生产经营单位执行有关职业危害防治的法律、法规、规章和国家标准、行业标准的下列情况进行监督检查：

（一）职业健康管理机构设置、人员配备情况；

（二）职业危害防治制度和规程的建立、落实及公布情况；

（三）主要负责人、职业健康管理人员、从业人员的职业健康教育培训情况；

（四）作业场所职业危害因素申报情况；

（五）作业场所职业危害因素监测、检测及结果公布情况；

（六）职业危害防护设施的设置、维护、保养情况，以及个体防护用品的发放、管理及从业人员佩戴使用情况；

（七）职业危害因素及危害后果告知情况；

（八）职业危害事故报告情况；

（九）依法应当监督检查的其他情况。

第三十八条　安全生产监督管理部门应当建立健全职业危害的监督检查制度，加强行政执法人员职业健康知识的培训，提高行政执法人员的业务素质。

第三十九条　安全生产监督管理部门应当建立健全职业危害防护设施“三同时”的备案管理制度，加强职业危害相关资料的档案管理。

第四十条　安全生产监督管理部门对从事职业危害防治工作的职业健康技术服务机构

实行登记备案管理制度。依法取得相应资质的职业健康技术服务机构，应当向安全生产监督管理部门登记备案。

从事作业场所职业危害检测、评价等工作的中介技术服务机构应当客观、真实、准确地开展检测、评价工作，并对其检测、评价的结果负责。

第四十一条　安全生产监督管理部门应当加强对职业健康技术服务机构的监督检查，发现存在违法违规行为的，及时向有关部门通报。

第四十二条　安全生产监督管理部门行政执法人员依法履行监督检查职责时，应当出示有效的执法证件。

行政执法人员应当忠于职守，秉公执法，严格遵守执法规范；对涉及被检查单位的技术秘密和业务秘密的，应当为其保密。

第四十三条　安全生产监督管理部门履行监督检查职责时，有权采取下列措施：

（一）进入被检查单位及作业场所，进行职业危害检测，了解有关情况，调查取证；

（二）查阅、复制被检查单位有关职业危害防治的文件、资料，采集有关样品；

（三）对有根据认为不符合职业危害防治的国家标准、行业标准的设施、设备、器材予以查封或者扣押，并应当在15日内依法作出处理决定。

第四十四条　发生职业危害事故的，安全生产监督管理部门应当并依照国家有关规定报告事故和组织事故的调查处理。

第四章　罚则

第四十五条　生产经营单位有下列情形之一的，给予警告，责令限期改正；逾期未改正的，处2万元以下的罚款：

（一）未按照规定设置或者指定职业健康管理机构，或者未配备专职或者兼职的职业健康管理人员的；

（二）未按照规定建立职业危害防治制度和操作规程的；

（三）未按照规定公布有关职业危害防治的规章制度和操作规程的；

（四）生产经营单位主要负责人、职业健康管理人员未按照规定接受职业健康培训的；

（五）生产经营单位未按照规定组织从业人员进行职业健康培训的；

（六）作业场所职业危害因素监测、检测和评价结果未按照规定存档、报告和公布的。

第四十六条　生产经营单位有下列情形之一的，责令限期改正，给予警告，可以并处2万元以上5万元以下的罚款：

（一）未按照规定及时、如实申报职业危害因素的；

（二）未按照规定设有专人负责作业场所职业危害因素日常监测，或者监测系统不能正常监测的；

（三）订立或者变更劳动合同时，未告知从业人员职业危害真实情况的；

（四）未按照规定组织从业人员进行职业健康检查、建立职业健康监护档案，或者未将检查结果如实告知从业人员的。

第四十七条　生产经营单位有下列情形之一的，给予警告，责令限期改正；逾期未改正的，处5万元以上20万元以下的罚款；情节严重的，责令停止产生职业危害的作业，或者提请有关人民政府按照国务院规定的权限责令关闭：

(一)作业场所职业危害因素的强度或者浓度超过国家标准、行业标准的;

(二)未提供职业危害防护设施和从业人员使用的职业危害防护用品,或者提供的职业危害防护设施和从业人员使用的职业危害防护用品不符合国家标准、行业标准的;

(三)未按照规定对职业危害防护设施和从业人员职业危害防护用品进行维护、检修、检测,并保持正常运行、使用状态的;

(四)未按照规定对作业场所职业危害因素进行检测、评价的;

(五)作业场所职业危害因素经治理仍然达不到国家标准、行业标准的;

(六)发生职业危害事故,未采取有效措施,或者未按照规定及时报告的;

(七)未按照规定在产生职业危害的作业岗位醒目位置公布操作规程、设置警示标识和中文警示说明的;

(八)拒绝安全生产监督管理部门依法履行监督检查职责的。

第四十八条 生产经营单位有下列情形之一的,责令限期改正,并处5万元以上30万元以下的罚款;情节严重的,责令停止产生职业危害的作业,或者提请有关人民政府按照国务院规定的权限责令关闭:

(一)隐瞒技术、工艺、材料所产生的职业危害而采用的;

(二)使用国家明令禁止使用的可能产生职业危害的设备或者材料的;

(三)将产生职业危害的作业转移给没有职业危害防护条件的单位和个人,或者没有职业危害防护条件的单位和个人接受产生职业危害作业的;

(四)擅自拆除、停止使用职业危害防护设施的;

(五)安排未经职业健康检查的从业人员、有职业禁忌的从业人员、未成年工或者孕期、哺乳期女职工从事接触产生职业危害作业或者禁忌作业的。

第四十九条 生产经营单位违反有关职业危害防治法律、法规、规章和国家标准、行业标准的规定,已经对从业人员生命健康造成严重损害的,责令停止产生职业危害的作业,或者提请有关人民政府按照国务院规定的权限责令关闭,并处10万元以上30万元以下的罚款。

第五十条 建设项目职业危害预评价报告、职业危害防治专篇、职业危害控制效果评价报告和职业危害防护设施验收批复文件未按照本规定要求备案的,给予警告、并处3万元以下的罚款。

第五十一条 向生产经营单位提供可能产生职业危害的设备或者材料,未按照规定提供中文说明书或者设置警示标识和中文警示说明的,责令限期改正,给予警告,并处5万元以上20万元以下的罚款。

第五十二条 安全生产监督管理部门及其行政执法人员未按照规定报告职业危害事故的,依照有关规定给予处理;构成犯罪的,依法追究刑事责任。

第五十三条 本规定所规定的对作业场所职业健康违法行为的处罚,由县级以上安全生产监督管理部门决定。法律、行政法规和国务院有关规定对行政处罚决定机关另有规定的,依照其规定。

第五章 附则

第五十四条 本规定下列用语的含义:

作业场所,是指从业人员进行职业活动的所有地点,包括建设单位施工场所。

职业危害，是指从业人员在从事职业活动中，由于接触粉尘、毒物等有害因素而对身体健康所造成的各种损害。

职业禁忌，是指从业人员从事特定职业或者接触特定职业危害因素时，比一般职业人群更易于遭受职业危害损伤和罹患职业病，或者可能导致原有自身疾病病情加重，或者在从事作业过程中诱发可能导致对他人生命健康构成危险的疾病的个人特殊生理或者病理状态。

第五十五条　本规定未规定的职业危害防治的其他有关事项，依照《职业病防治法》和其他有关法律、行政法规的规定执行。

第五十六条　本规定自2009年9月1日起施行。

国家安全生产监督管理总局令

第27号

《作业场所职业危害申报管理办法》已经2009年8月24日国家安全生产监督管理总局局长办公会议审议通过，现予公布，自2009年11月1日起施行。

局长：骆琳

二〇〇九年九月八日

作业场所职业危害申报管理办法

第一条　为了规范作业场所职业危害的申报工作，加强对生产经营单位职业健康工作的监督管理，根据《中华人民共和国职业病防治法》、《使用有毒物品作业场所劳动保护条例》等法律、行政法规和国务院有关职业健康监督检查职责调整的规定，制定本办法。

第二条　在中华人民共和国境内存在或者产生职业危害的生产经营单位（煤矿企业除外），应当按照国家有关法律、行政法规及本办法的规定，及时、如实申报职业危害，并接受安全生产监督管理部门的监督管理。

煤矿企业作业场所职业危害申报的管理，另行规定。

第三条　本办法所称作业场所职业危害，是指从业人员在从事职业活动中，由于接触粉尘、毒物等有害因素而对身体健康所造成的各种损害。

作业场所职业危害按照《职业病危害因素分类目录》确定。

第四条　职业危害申报工作实行属地分级管理。生产经营单位应当按照规定对本单位作业场所职业危害因素进行检测、评价，并按照职责分工向其所在地县级以上安全生产监督管理部门申报。

中央企业及其所属单位的职业危害申报，按照职责分工向其所在地设区的市级以上安全生产监督管理部门申报。

第五条　生产经营单位申报职业危害时，应当提交《作业场所职业危害申报表》和下列有关资料：

（一）生产经营单位的基本情况；

（二）产生职业危害因素的生产技术、工艺和材料的情况；

（三）作业场所职业危害因素的种类、浓度和强度的情况；

（四）作业场所接触职业危害因素的人数及分布情况；

（五）职业危害防护设施及个人防护用品的配备情况；

（六）对接触职业危害因素从业人员的管理情况；

（七）法律、法规和规章规定的其他资料。

第六条 作业场所职业危害申报采取电子和纸质文本两种方式。生产经营单位通过“作业场所职业危害申报与备案管理系统”进行电子数据申报，同时将《作业场所职业危害申报表》加盖公章并由生产经营单位主要负责人签字后，按照本办法第四条和第五条的规定，连同有关资料一并上报所在地相应的安全生产监督管理部门。

第七条 作业场所职业危害申报不得收取任何费用。

第八条 作业场所职业危害每年申报一次。生产经营单位下列事项发生重大变化的，应当按照本条规定向原申报机关申报变更：

（一）进行新建、改建、扩建、技术改造或者技术引进的，在建设项目竣工验收之日起30日内进行申报；

（二）因技术、工艺或者材料发生变化导致原申报的职业危害因素及其相关内容发生重大变化的，在技术、工艺或者材料变化之日起15日内进行申报；

（三）生产经营单位名称、法定代表人或者主要负责人发生变化的，在发生变化之日起15日内进行申报。

第九条 生产经营单位终止生产经营活动的，应当在生产经营活动终止之日起15日内向原申报机关报告并办理相关手续。

第十条 县级以上安全生产监督管理部门应当建立职业危害管理档案。职业危害管理档案应当包括辖区内存在职业危害因素的生产经营单位数量、职业危害因素种类、行业及地区分布、接触人数、防护设施的配备和职业卫生管理状况等内容。

第十一条 安全生产监督管理部门应当依法对生产经营单位作业场所职业危害申报情况进行监督检查。

第十二条 安全生产监督管理部门及其工作人员在对职业危害申报材料审查以及监督检查中，涉及生产经营单位商业秘密和技术秘密的，应当为其保密。违反有关保密义务的，应当承担相应的法律责任。

第十三条 生产经营单位未按照本办法规定及时、如实地申报职业危害的，由安全生产监督管理部门给予警告，责令限期改正，可以并处2万元以上5万元以下的罚款。

第十四条 生产经营单位有关事项发生重大变化，未按照本办法第八条的规定申报变更的，由安全生产监督管理部门责令限期改正，可以并处1万元以上3万元以下罚款。

第十五条 《作业场所职业危害申报表》、《作业场所职业危害申报回执》的内容和格式由国家安全生产监督管理总局统一制定。

第十六条 本办法自2009年11月1日起施行。

2.11 应急救援

2.11.1 应急机构和队伍

企业应按规定建立安全生产应急管理机构或指定专人负责安全生产应急管理工作。

企业应建立与本单位安全生产特点相适应的专兼职应急救援队伍，或指定专兼职应急救援人员，并组织训练；无需建立应急救援队伍的，可与附近具备专业资质的应急救援队伍签订服务协议。

安全生产应急管理是安全生产工作的重要组成部分。企业是安全生产的责任主体，自然也是安全生产应急管理的责任主体。为此，企业必须有承担安全生产应急管理职责的机构或人员。由于企业的规模、从业人员数量、所从事行业领域的危险性等级的不同，安全生产应急管理的工作量也有较大的差别。生产经营单位建立安全生产应急管理机构、配备安全生产应急管理人员要以满足本单位安全生产应急管理工作的需要为原则。

大中型矿山、建筑施工单位和危险物品生产、经营、存储单位应当建立专门的安全生产应急管理机构，根据本单位实际情况，可以单独设置，也可以在安全监管机构内设置。小型矿山、建筑施工单位和危险物品生产、经营、存储单位具备条件或者从业人员较多的，也要设立专门的安全生产应急管理机构；不具备条件或者从业人员较少的，必须配备专职的安全生产应急管理人员。危险性较大的其他行业领域的生产经营单位应参照上述要求执行。

上述以外的其他大中型生产经营单位，要明确一个机构负责安全生产应急管理工作，配备专职的安全生产应急管理人员；其他小型生产经营单位要配备专职或兼职的应急管理人员。

值得注意的是，安全生产应急管理机构应当是实体机构，配备的安全生产应急管理专兼职人员在数量、专业知识、业务能力等方面要适应本单位安全生产应急管理工作的需要。

大中型矿山和危险物品生产、经营、存储单位应当建立专职的安全生产应急救援队伍；小型矿山和危险物品生产、经营、存储单位，具备条件的也要建立专职的安全生产应急救援队伍，不具备条件的必须建立兼职安全生产应急救援队伍，并与邻近具有相关专业特长的专职安全生产应急救援队伍签订救援服务协议，邻近没有专职安全生产应急救援队伍的必须建立专职安全生产应急救援队伍。

事故发生频率较高的其他行业领域，大中型生产经营单位应当根据本单位的实际情况建立专职或兼职安全生产应急救援队伍；小型生产经营单位可以建立兼职安全生产应急救援队伍或者专兼职应急救援人员，并配备必要的应急救援装备、器材；未建立专职应急救援队伍的，要与邻近具有相关专业特长的专职安全生产应急救援队伍签订救援服务协议。

专职安全生产应急救援队伍是具有一定数量经过专门训练的专门人员和专业抢险救援装备的专门从事事故现场抢救的组织。平时，专职安全生产应急救援队伍主要任务是开展技能培训、训练、演练、排险、备勤，并参加现场安全检查，熟悉救援环境。兼职安全生产应急救援队伍也应当具有存放于固定场所、保持完好的专业抢险救援装备，有健全的组织管理制度；其他人员也应当具备相关的专业技能，能够熟练使用抢险救援装备，且定期进行专业培训、训练。兼职的安全生产应急救援队伍与专职安全生产应急救援队伍的主要差别在于，队伍的组成人员平时要从事其他岗位工作，事故抢险时迅速集结起来。专职安全生产应急救援队伍要具有独立进行常规事故抢救的能力；兼职安全生产应急救援队伍应当能够有效控制常规事故，能够为被困人员自救、互救和专职安全生产应急救援队伍开展抢救创造条件、提供帮助。

安全生产应急救援队伍或者应急救援人员不论是专职的还是兼职的，都应当具备所属行业领域事故抢救所需要的专业特长。专兼职安全生产应急救援队伍的规模应当符合有关规定；没有规定的，以满足本单位常规事故抢救需要为原则，但专职安全生产应急救援队伍必须保证足够的人员轮班值守。签订救援服务协议的专职安全生产应急救援队伍应当具备有关规定所要求的资质，并能够在有关规定所要求时间内到达事故发生地；没有资质和到达时间规定的，以能够及时、有效地实施事故抢救为原则。

2.11.2 应急预案

企业应按规定制定生产安全事故应急预案，并针对重点作业岗位制定应急处置方案或措施，形成安全生产应急预案体系。

应急预案应根据有关规定报当地主管部门备案，并通报有关应急协作单位。

应急预案应定期评审，并根据评审结果或实际情况的变化进行修订和完善。

生产安全事故应急救援预案是针对可能发生的事故预先制定的应对方案，是规范和指导生产安全事故应急救援工作的基础性文件。要求生产经营单位制定生产安全事故应急预案，目的是保证生产经营单位能够及时、有序、有效地开展各类生产安全事故应急救援。为此，生产经营单位的生产安全事故应急预案必须实现“横向到边、纵向到底”，形成完整的应急预案体系。一是生产经营单位及其所属各级单位都要针对本单位可能发生的各类事故，尤其是可能导致人员伤亡、处置过程比较复杂的事故，分门别类制定应急预案；二是每一个危险性较大的重点作业岗位，生产经营单位还要制定岗位应急处置方案；三是各级各类生产经营单位的生产安全事故应急预案在应急救援组织机构、职责分工、协调指挥、工作程序、资源配置等方面要目标一致，层次分明，互相补充，互相连接。

对于可能发生的事故种类较多的生产经营单位，为使应急预案更加简洁明了，便于有关人员学习掌握，可以针对各类事故应急预案有共性的内容制定一个综合应急预案，再针对各类事故分别制定专项应急预案。对于生产经营单位应急预案编制程序、所包括内容，国家安全生产监督管理总局发布的《生产经营单位安全生产事故应急预案编制导则》（AQ/T9002）作出了明确规定。

应急预案备案的主要目的是让有关部门掌握生产经营单位应急预案编制情况，并依据《生产经营单位安全生产事故应急预案编制导则》和有关行业规范对应急预案进行形式审查。通过形式审查，保证应急预案层次结构清晰、内容完整、格式规范、编制程序符合规定，所作规定和要求合法，并能够与政府有关部门的应急预案有效衔接。值得注意的是，形式审查只审查应急预案形式上的合法性、完整性、有效性，应急预案内容的真实性和事实上的合法性由应急预案制定单位负责。对此国家安全生产监督管理总局颁布的《生产安全事故应急救援预案管理办法》有明确的规定。

应急预案载明的职责、程序、措施以及队伍、装备、物资等资源涉及的生产经营单位管辖权限以外的单位，均属于“有关应急协作单位”。生产经营单位的应急预案正式发布后，除内部学习贯彻以外，要及时通报这些单位，以便其掌握执行。

应急预案评审包括三个方面。

(1)按照《生产安全事故应急救援预案管理办法》的规定，生产经营单位在应急预案完成编制后、发布以前，要组织进行评审或论证，以保证应急预案的完整性、科学性、针对性、可操作性以及与相关应急预案的衔接性。

(2)随着时间的推移和生产经营活动的进行，应急预案的制定依据、执行主体、实施环境和条件都可能发生变化，生产经营单位应当根据实际情况定期组织评审，并根据评审结果及时修订，保证应急预案的有效性。《生产安全事故应急救援预案管理办法》规定生产经营单位制定的应急预案至少每三年修订一次，那么，生产经营单位应急预案的评审周期也不应超过三年。

(3)应急预案在演练或者实施过程中发现存在问题，要及时进行评审、修订。

对于应急预案评审的办法、程序和内容，国家安全生产监督管理总局办公厅印发的《生产经营单位生产安全事故应急预案评审指南(试行)》可以提供具体的指导。

2.11.3 应急设施、装备、物资

企业应按规定建立应急设施，配备应急装备，储备应急物资，并进行经常性的检查、维护、保养，确保其完好、可靠。

生产经营单位建立应急设施、配备应急装备、储备应急物资的具体依据主要包括：一是相关行业的建设工程设计规范；二是相关行业和企业的作业规程、操作规程；三是有关安全生产和应急的规程、规范、标准；四是生产经营单位的应急预案；五是应急救援队伍装备配备的有关标准。生产经营单位应当对照上述依据建立应急设施、配备应急装备、储备应急物资。

这些设施、装备、物资包括事故或险情发生后用于及时处置、报警、逃生、避险、隔险、自救、通信、救援等方面的设施、设备、装置、工具、器材、材料。有的是生产经营项目投运前必须具有的，有的是随着生产经营活动的进行按照有关规定建立和配备的；有的既用于生产经营又用于应急，有的专为应急所用；有的附着于生产经营设施或存放于生产经营场所，有的存放于其他固定场所，有的由应急救援队伍保管和使用。由于种类较多，使用和管理主体不一，生产经营单位应当澄清底数，按照有关规定分门别类建立健全管理制度，明确管理责任和措施，并严格依照制度进行检查、维护、保养，确保其完好、可靠，满足有关应急预案实施的需要。

2.11.4 应急演练

企业应组织生产安全事故应急演练，并对演练效果进行评估。根据评估结果，修订、完善应急预案，改进应急管理工作。

开展生产安全事故应急演练的目的主要是检验应急预案，锻炼应急队伍，磨合应急机制，教育相关公众尤其是从业人员。《生产安全事故应急救援预案管理办法》规定，生产经营单位应当制定本单位应急预案演练计划，根据本单位事故预防重点，每年至少组织一次综合应急预案演练，每半年至少组织一次现场处置方案演练。这是对生产经营单位开展应急预案演练的最基本要求。实际上，生产经营单位每一个应急预案的各个重点环节和难点环节都需要及时进行演练，以验证应急预案的有效性，发现存在的问题，及时修正和完善应急预案，使有关单位、人员、队伍能够熟练掌握，以便在应急预案实施中能够迅速地各就其位、各负其责、有机配合。从一个目标出发，生产经营单位应急预案演练可以是全面演练，也可以是某一个或几个环节的演练；可以是实战演练，也可以是桌面演练；有的一次演练即可实现目标，有的则需要经过多次演练。此外，应急预案修订后，应当及时针对变化后的情况进行演练。

为保证应急演练取得实效，演练前应当制定方案，明确目标和重点，并据此设定场景和内容，按照有关规定确定主要评价指标，做好各环节情况的记录，演练结束后要立即组织有关方面人员对演练效果进行评估，指出存在的问题和薄弱环节，提出应急预案修改完善的意见以及改进和加强应急管理工作的意见，最后形成演练总结评估报告。每一次演练后，都要对演练相关的文件、资料进行归档，按照有关规定保存、上报，并按照评估意见修订、完善应急预案，改进

应急管理工作。

2.11.5 事故救援

企业发生事故后，应立即启动相关应急预案，积极开展事故救援。

启动相关应急预案，即按照相关应急预案规定的职责、程序、措施组织开展事故抢救工作。事故发生后，生产经营单位相关应急预案载明的有关负责人要及时就位组织事故抢救工作，按照预案规定各司其职、各负其责，采取相关措施，调集相关专家、队伍、装备、物资开展救援工作，全力以赴控制险情、遏制事故，并及时向有关方面报告、通报事故，必要时请求有关方面增援乃至启动上一级应急预案。

2.12 事故报告、调查和处理

2.12.1 事故报告

企业发生事故后，应按规定及时向上级单位、政府有关部门报告，并妥善保护事故现场及有关证据。必要时向相关单位和人员通报。

《生产安全事故报告和调查处理条例》(国务院令第 493 号)第九条规定："事故发生后，事故现场有关人员应当立即向本单位负责人报告；单位负责人接到报告后，应当于 1 小时内向事故发生地县级以上人民政府安全生产监督管理部门和负有安全生产监督管理职责的有关部门报告。情况紧急时，事故现场有关人员可以直接向事故发生地县级以上人民政府安全生产监督管理部门和负有安全生产监督管理职责的有关部门报告。"

在各类生产经营活动中，由于主客观等多方面的原因，往往导致生产安全事故的发生。发生事故后及时向单位负责人和有关主管部门报告，对于及时采取应急救援措施，防止事故扩大，减少人员伤亡和财产损失起着至关重要的作用，也是开展事故调查处理工作的第一个环节。"事故现场"是指事故具体发生地点及事故能够影响波及的区域以及该区域内的物品、痕迹等所处的状态。"有关人员"主要是指事故的负伤者，也可以是在事故现场的其他工作人员，任何首先发现事故的人都负有立即报告事故的义务。"立即报告"是指在事故发生后的第一时间用最快捷的报告方式进行报告。"单位负责人"可以是事故发生单位的主要负责人，也可以是事故发生单位主要负责人以外的其他分管安全生产工作的副职领导或其他负责人。由于事故报告的紧迫性，现场有关人员报告事故不可能也没有必要完全按照正常情况下企业的层级管理模式来进行，只要报告到事故单位的指挥中心(如调度室、监控室)即可。在一般情况下，事故现场有关人员应当向本单位负责人报告事故，这符合企业内部管理的规章制度，也有利于企业应急救援工作的快速启动。在情况紧急时，允许事故现场有关人员直接向安全生产监督管理部门和负有安全生产监督管理职责的有关部门报告。

《生产安全事故报告和调查处理条例》第十二条规定："报告事故应当包括下列内容：(1)事故发生单位概况；(2)事故发生的时间、地点以及事故现场情况；(3)事故的简要经过；(4)事故已经造成或者可能造成的伤亡人数(包括下落不明的人数)和初步估计的直接经济损失；(5)已经采取的措施；(6)其他应当报告的情况。"

(1)事故发生单位概况。事故发生单位概况应当包括单位的全称、所处地理位置、所有制形式和隶属关系、生产经营范围和规模、持有各类证照的情况、单位负责人的基本情况以及近期的生产经营状况等一般情况。对于不同行业的企业,报告内容应该根据实际情况来确定,但是应当全面、简洁为原则。

(2)事故发生的时间、地点以及事故现场情况。报告事故发生的时间应当具体,并尽量精确到分钟。报告事故发生的地点要准确,除事故发生的中心地点外,还应当报告事故所波及的区域,设备设施的损毁情况。报告事故发生前、后的现场情况,便于前后比较,分析事故原因。

(3)事故的简要经过。事故的简要经过是对事故全过程的简要叙述。核心要求在于"全"和"简"。"全"就是要全过程描述,"简"就是要简单明了。描述要前后衔接、脉络清晰、因果相连。

(4)人员伤亡和经济损失情况。对于人员伤亡情况的报告,应当遵守实事求是的原则,不作无根据的猜测,更不能隐瞒实际伤亡人数。在矿山事故中,往往出现多人被困井下的情况,要根据事故单位当班记录,尽可能准确地报告伤亡人数。对直接经济损失的初步估算,主要指事故所导致的建筑物的毁损、生产设备设施的仪器仪表的损坏等。由于人员伤亡情况和经济损失情况直接影响事故等级的划分,并据此决定事故的调查处理等后续重大问题,在报告这方面情况时应当谨慎细致,力求准确。

(5)已经采取的措施。已经采取的措施主要是指事故现场有关人员、事故单位负责人、已经接到事故报告的安全生产管理部门为减少损失、防止事故扩大和便于事故调查所采取的应急救援和现场保护等具体措施。

(6)其他应当报告的情况。对于其他应当报告的情况,应当根据实际情况具体确定。如较大以上事故还应当报告事故所造成的社会影响、政府有关领导和部门现场指挥等有关情况,能够初步判定的事故原因等。

《生产安全事故报告和调查处理条例》第十六条要求:"事故发生后,有关单位和人员应当妥善保护事故现场以及相关证据,任何单位和个人不得破坏事故现场、毁灭相关证据。"

事故现场和有关证据是调查事故原因、查明事故性质和责任的重要依据,对事故现场的任何改变将影响事故调查的科学性、客观性,影响事故调查结论。在现场勘查之前,应维持现场的原始状态,既不使它减少任何痕迹、物品,也不使它增加任何痕迹、物品,更不能破坏事故现场,毁灭相关证据。

保护事故现场,必须根据事故现场的具体情况和周围环境,划定保护区的范围,布置警戒,必要时,将事故现场封锁起来,禁止一切人员进入保护区,即使是保护现场的人员,也不能无故出入,更不能擅自进行勘查,禁止随意触摸或者移动事故现场的任何物品。特殊情况需要移动事故现场物件的,必须同时满足以下条件:移动物件的目的是出于抢救人员、防止事故扩大以及疏通交通的需要;移动物件必须经过事故单位负责人或者组织事故调查的安全生产监督管理部门和负有安全生产监督管理职责的有关部门的同意;移动物件应当作出标志,并作出书面记录;移动物件应当尽量使现场少受破坏。

2.12.2 事故调查和处理

企业发生事故后,应按规定成立事故调查组,明确其职责与权限,进行事故调查或配合上级部门的事故调查。

事故调查应查明事故发生的时间、经过、原因、人员伤亡情况及直接经济损失等。

事故调查组应根据有关证据、资料,分析事故的直接、间接原因和事故责任,提出整改措施和处理建议，编制事故调查报告。

《生产安全事故报告和调查处理条例》第十九条规定：“特别重大事故由国务院或者国务院授权有关部门组织事故调查组进行调查。重大事故、较大事故、一般事故分别由事故发生地省级人民政府、设区的市级人民政府、县级人民政府负责调查。省级人民政府、设区的市级人民政府、县级人民政府可以直接组织事故调查组进行调查，也可以授权或者委托有关部门组织事故调查组进行调查。未造成人员伤亡的一般事故，县级人民政府也可以委托事故发生单位组织事故调查组进行调查。”

根据《生产安全事故报告和调查处理条例》第二十五条的规定，事故调查组履行下列职责：

(1)查明事故发生的经过、原因、人员伤亡情况及直接经济损失；

(2)认定事故的性质和事故责任；

(3)提出对事故责任者的处理建议；

(4)总结事故教训，提出防范和整改措施；

(5)提交事故调查报告。

第三十条规定，事故调查报告应当包括下列内容：

(1)事故发生单位概况；

(2)事故发生经过和事故救援情况；

(3)事故造成的人员伤亡和直接经济损失；

(4)事故发生的原因和事故性质；

(5)事故责任的认定以及对事故责任者的处理建议；

(6)事故防范和整改措施。

事故发生的经过，包括发生前的生产作业状况；事故发生的具体时间、地点；事故现场状况及事故现场保护情况；事故发生后采取的应急处置措施情况；事故报告经过；事故抢救及事故救援情况；事故的善后处理情况；其他与事故发生经过有关的情况。

事故发生的原因，包括直接原因和间接原因。事故直接原因主要是物的不安全状态、人的不安全行为。如设备无防护、无报警、超负荷运转，通风不良，现场作业组织者的违章指挥，操作人员的错误操作等。事故的间接原因主要是没有安全规章制度、操作规程或安全规章制度、操作规程不正确、不健全，没有组织培训教育或培训教育不够，劳动组织不合理，对现场工作缺乏检查或指导错误，对事故隐患排查整改不力等。

人员伤亡情况，主要包括事故发生前生产作业人员分布情况；事故发生时人员涉险情况；事故当场人员伤亡情况及人员失踪情况；事故抢救过程中人员伤亡情况；最终伤亡情况；其他与事故发生有关的人员伤亡情况。

事故的直接经济损失情况，包括人员伤亡后所支出的费用，如医疗费用、丧葬及抚恤费用、补助及救济费用、歇工工资等；事故善后处理费用，如处理事故的事务性费用、现场抢救费用、现场清理费用、事故惩罚和赔偿费用等；事故造成的财产损失费用，如固定资产损失价值、流动资产损失价值等。

事故按性质可分为责任事故、非责任事故和不可抗拒事故。责任事故，是指人、机、物、环的不安全状态没有消除而造成的事故；非责任事故，是指因当前的科学技术条件的限制没有认知而没有采取防范措施造成的事故；不可抗拒事故，是指因不能预见、不能避免并不能克服的客观情况造成的事故，如地震、战争、未能预报的特殊天气等。责任事故有直接责任、主要责任和领导责任。直接责任者，是指其行为与事故发生有直接因果关系的人员，如违章作业人员等；主要责任者，是指对事故发生负有主要责任的人员，如违章指挥者；领导责任者，是指对事故发生负有领导责任的人员，主要是政府及其有关部门的人员。

事故责任者的处理建议，是指通过事故调查分析，在认定事故的性质和事故责任的基础上，对责任事故者的处理建议。主要包括对责任者的行政处分、纪律处分建议；对责任者的行政处罚建议；对责任者追究刑事责任的建议；对责任者追究民事责任的建议。

企业要认真总结事故的教训，主要是总结在安全生产管理、安全生产投入、安全生产条件等方面存在哪些薄弱环节、漏洞和隐患，要认真对照问题查找根源，提出防范和整改措施。防范和整改措施要有针对性、可操作性、适用性和时效性，并不折不扣地落实，防止事故再次发生。

2.13 绩效评定和持续改进

2.13.1 绩效评定

对安全生产标准化的实施情况的评定，企业每年至少要进行一次。

各项安全生产制度措施的适宜性、充分性、有效性的评定，应从以下角度加以关注。

适宜性：所制定的各项安全生产规章制度措施是否适合于企业的实际情况，包括规模、性质和安全生产健康管理的特点；所制定的安全生产工作目标、指标及其在企业内部能得到落实的方式是否合理，是否具备可操作性；与企业原有的管理制度相融合的情况，包括与原有的其他管理系统是否兼容；有关制度措施是否适合于企业员工的使用，是否与他们的能力、素质等相配套。

充分性：各项安全管理的制度措施是否满足了《基本规范》的全部管理要求；所有的管理措施、管理制度能否确保 PDCA 管理模式的有效运行；与相关制度措施配套的资源，包括人、财、物等是否充分；对相关方的安全管理是否有效。

有效性：能否保证实现企业的安全工作目标、指标；是否以隐患排查治理为基础，对所有排查出的隐患实施了有效治理与控制；对重大危险源能否实施有效的控制；通过制度、措施的建立，企业的安全管理工作是否符合有关法律法规及标准的要求；通过安全生产标准化相关制度、措施的实施，企业是否形成了一套自我发现、自我纠正、自我完善的管理机制；企业员工通过安全生产标准化的推进与建立，是否提高了安全意识，是否能够自觉地遵守与本岗位相关的程序或作业指导书的规定等。

企业负责人每年至少组织一次绩效评定工作，把握好评定依据及相关信息的准确性，并组织有关人员对上述的适宜性、充分性、有效性进行认真分析，得出客观评定结论，并把评定结果向所有部门、全体员工通报，让他们清楚本企业一段时期内安全管理的基本情况，了解安全生产标准化工作在本企业推行的主要作用、亮点及存在的主要问题，以利于下一步更好地开展安全生产标准化工作。评定结果同时作为考评相关部门、相关人员一定时期内安全管理工作成效的一个重要依据。

开展评定时，首先应让全体员工理解评定的方式和时间，并争取让大部分员工参与评定过程。涉及的所有评定过程，企业均须把相关的重要信息记录下来。

如果发生了伤亡事故，说明企业在安全管理中的某些环节出现了严重的缺陷或问题，需要马上对相关的安全管理制度、措施进行客观评定，努力找出问题根源所在，有的放矢，对症下药，不断完善有关制度和措施。评定过程中，要对前一次评定后提出的纠正措施、建议的落实情况与效果作出评价，并向企业的所有部门和员工通报。

2.13.2 持续改进

企业应根据安全生产标准化的评定结果和安全生产预警指数系统所反映的趋势，对安全生产目标、指标、规章制度、操作规程等进行修改完善，持续改进，不断提高安全绩效。

持续改进，顾名思义，就是不断发现问题、不断纠正缺陷、不断自我完善、不断提高的过程，使安全状况越来越好。

在《基本规范》的许多条款中，已经直接提出了对安全管理中的一些具体环节要持续改进的要求。除此之外，持续改进更重要的内涵是，企业负责人通过对一定时期后的评定结果的认真分析，及时将某些部门做得比较好的管理方式及管理方法，在企业内所有部门进行全面推广，对发现的系统问题及需要努力改进的方面及时作出调整和安排。在必要的时候，把握好合适的时机，及时调整安全生产目标、指标，或修订不合理的规章制度、操作规程，使企业的安全生产管理水平不断提升。

企业负责人还要根据安全生产预警指数数值大小，对比、分析查找趋势升高、降低的原因，对可能存在的隐患认真进行分析、控制和整改，并提出下一步安全生产工作的关注重点。

持续改进的螺旋上升过程，是《基本规范》所要求和期盼的。

复习思考题：

1. 试说明企业如何制定总体和年度安全生产目标。
2. 试描述企业主要负责人对本单位的安全生产工作负有哪些责任。
3. 试描述企业对新员工的三级安全教育包括哪些内容。
4. 企业进行隐患排查的方法是什么？
5. 制定重大事故隐患治理方案应包含哪些内容？
6. 对于企业存在的重大危险源应该如何监控？

第3章　企业安全生产标准化建设

本章主要内容：

- 介绍了企业安全生产标准化建设的流程
- 分析了企业安全管理制度完善的要求和方法
- 介绍了设备设施的隐患排查和现场操作的安全标准化

学习要求：

- 熟悉企业安全生产标准化建设流程
- 掌握企业安全管理制度完善技巧
- 掌握企业隐患排查治理的重点和方法

3.1　企业安全生产标准化建设概述

安全生产标准化体现了“安全第一、预防为主、综合治理”的方针和“以人为本”的科学发展观，强调企业安全生产工作的规范化、科学化、系统化和法制化，强化风险管理和过程控制，注重绩效管理和持续改进，符合安全管理的基本规律，代表了现代安全管理的发展方向，是先进安全管理思想与我国传统安全管理方法、企业具体实际的有机结合，能有效提高企业安全生产水平，从而推动我国安全生产状况的根本好转。

3.1.1　企业安全生产标准化建设原则

安全生产标准化是安全生产理论创新的重要内容，是科学发展、安全发展战略的基础工作，是创新安全监管体制的重要手段。在全面推进安全生产标准化建设工作中，要坚持“政府推动、企业为主，总体规划、分步实施，立足创新、分类指导，持续改进、巩固提升”的建设原则。

政府推动、企业为主：安全生产标准化是将企业安全生产管理基本的要求进行系统化、规范化，使得企业安全生产工作满足国家安全法律法规、标准规范的要求，是企业安全管理的自身需求，是企业落实主体责任的重要途径，因此创建的责任主体是企业。在现阶段，许多企业自身能力和素质还达不到主动创建、自主建设的要求，需要政府的帮助和服务。政府部门在企业安全生产标准化建设的职责就是通过出台法律、法规、文件以及约束奖励机制政策，加大舆论宣传，加强对企业主要负责人安全生产标准化内涵和意义的培训工作，推动企业积极开展安全生产标准化建设工作，建立完善的安全管理体系，提升本质安全水平。

总体规划、分步实施：安全生产标准化工作是落实企业主体责任、建立安全生产长效机制的有效手段，各级安全监管部门、负有安全监管职责的有关部门必须摸清辖区内企业的规模、种类、数量等基本信息，根据企业大小不等、素质不等、能力不同、时限不一等实际情况，进行总体规划，做到全面推进、分步实施，使所有企业都行动起来，在扎实推进的基础上，逐步进行分批达标。防止出现“创建搞运动，评审走过场”的现象。

立足创新、分类指导：在企业安全生产标准化创建过程中，重在企业创建和自评阶段，要建立健全各项安全生产制度、规程、标准等，并在实际中贯彻执行。各地在推进安全生产标准化建设过程中，要从各地的实际情况出发，创新评审模式，高质量地推进安全生产标准化建设工作。对无法按照国家安全生产监督管理总局已发布的行业安全生产标准化评定标准进行三级达标的小微企业，各地可创造性地制定地方安全生产标准化小微企业达标标准，把握小微企业安全生产特点，从建立企业基本安全规章制度、提高企业员工基本安全技能、关注企业重点生产设备安全状况及现场条件等角度，制定达标条款，从而全面指导小微企业开展建设达标工作。

持续改进、巩固提升：安全生产标准化的重要步骤是创建、运行和持续改进，是一项长期工作。外部评审定级仅仅是检验建设效果的手段之一，不是标准化建设的最终目的。对于安全生产标准化建设工作存在认识不统一、思路不清晰的问题，一些企业甚至部分地方安全监管部门认为，安全生产标准化是一种短期行为，取得等级证书之后安全生产标准化工作就结束了，这种观点是错误的。企业在达标后，每年需要进行自评工作，通过不断运行来检验其建设效果。一方面，对安全生产标准一级达标企业要重点抓巩固，在运行过程中不断提高发现问题和解决问题的能力；二级企业着力抓提升，在运行一段时间后鼓励向一级企业提升；三级企业督促抓改进，对于建设、自评和评审过程中存在的问题、隐患要及时进行整改，不断改善企业安全生产绩效，提升安全管理水平，做到持续改进。另一方面，各专业评定标准也会按照我国企业安全生产状况，结合国际上先进的安全管理思想不断进行修订、完善和提升。

3.1.2 企业安全生产标准化建设依据

2004年，《国务院关于进一步加强安全生产工作的决定》(国发〔2004〕2号)提出了在全国所有的工矿、商贸、交通、建筑施工等企业开展安全生产标准化活动的要求，煤矿、非煤矿山、危险化学品、烟花爆竹、冶金、机械等行业领域均开展了安全生产标准化创建工作。

为了全面规范各行业企业安全生产标准化建设工作，深入贯彻落实国家关于安全生产的方针政策和法律法规、标准规范，有必要制定企业安全生产工作的基本规定，使得企业安全生产管理工作系统化、规范化，做到企业的安全生产工作有据可依，有章可循。而且，对各行业已经开展的安全生产标准化工作，在形式要求、基本内容、考评办法等方面也需要作出相对一致的规定，从而全面推动各行业安全生产标准化建设工作的开展。因此，根据我国国情及企业安全生产工作的共性特点，国家安全生产监督管理总局制定发布了可操作性较强的安全生产行业标准《企业安全生产标准化基本规范》(AQ/T 9006—2010)，为各行业企业制定安全生产标准化标准提出了基本要求和依据，同时对达标分级等考评办法进行了统一规定。这一规范的出台，使得我国安全生产标准化建设工作进入了全新的发展时期。

2010年7月，国务院印发《关于进一步加强企业安全生产工作的通知》(国发〔2010〕23号)，要求“深入开展以岗位达标、专业达标和企业达标为内容的安全生产标准化建设，凡在规定时间内未实现达标的企业要依法暂扣生产许可证和安全生产许可证，责令停产整顿；对整改逾期未达标的，地方政府要予以关闭”。并要求“安全生产监管监察部门、负有安全生产监管职责的有关部门和行业管理部门要按职责分工，对当地企业包括中央和省属企业实行严格的安全生产监督检查和管理，组织对企业安全生产状况进行安全标准化分级考评评价”。

《关于继续深化“安全生产年”活动的通知》(国办发〔2011〕11号)中，提出“有序推进企业安全标准化达标升级。在工矿商贸和交通运输企业广泛开展以‘企业达标升级’为主要内容的安全生产标准化创建活动，着力推进岗位达标、专业达标和企业达标。组织对企业安全生产状况进行安全标准化分级考核评价，评价结果向社会公开，并向银行业、证券业、保险业、担保业等主管部门通报，作为企业信用评级的重要参考依据。各有关部门要加快制定完善有关标准，分类指导，分步实施，促进企业安全基础不断强化”。

针对安全生产标准化建设工作，下发了《国务院安委会关于深入开展企业安全生产标准化建设的指导意见》(安委〔2011〕4号)，要求“在工矿商贸和交通运输行业(领域)深入开展安全生产标准化建设，重点突出煤矿、非煤矿山、交通运输、建筑施工、危险化学品、烟花爆竹、民用爆炸物品、冶金等行业(领域)”。并提出达标时限，其中“冶金、机械等工贸行业(领域)规模以上企业要在2013年底前，规模以下企业要在2015年前实现达标”。

《国务院安委会办公室关于深入开展全国冶金等工贸企业安全生产标准化建设的实施意见》(安委办〔2011〕18号)中，提出了工贸行业企业安全生产标准化建设的指导思想、工作原则和工作目标，明确了安全生产标准化建设的主要途径，落实了安全生产标准化建设的保障措施。

《关于坚持科学发展安全发展促进安全生产形势持续稳定好转的意见》(国发〔2011〕40号)中要求“推进安全生产标准化建设。在工矿商贸和交通运输行业领域普遍开展岗位达标、专业达标和企业达标建设，对在规定期限内未实现达标的企业，要依据有关规定暂扣其生产许可证、安全生产许可证，责令停产整顿；对整改逾期仍未达标的，要依法予以关闭。加强安全标准化分级考核评价，将评价结果向银行、证券、保险、担保等主管部门通报，作为企业信用评级的重要参考依据”。

2011年5月，国家安全生产监督管理总局办公厅为全面有效推进工贸行业企业安全生产标准化建设工作，决定举办工贸行业企业安全生产标准化建设培训班。发布了《国家安全监管总局办公厅关于举办工贸行业企业安全生产标准化建设培训班的通知》。培训内容主要包括：《国务院安委会关于深入开展企业安全生产标准化建设的指导意见》解读；《国务院安委会办公室关于深入开展全国冶金等工贸企业安全生产标准化建设的实施意见》解读；《企业安全生产标准化基本规范》(AQ/T 9006—2010)解读；《工贸行业企业安全生产标准化评定标准及考评办法》解读；围绕企业安全生产标准化创建，创新安全监管理念；工贸行业安全生产标准化创建工作实践与思考；工贸企业事故调查及典型案例分析、安全监管经验研讨交流。培训对象主要是省、市(地)级安全监管部门负责工贸行业安全监管的人员、安全标准化建设培训的人员和安全生产标准化的评审工作人员。

2011年8月，国家安全监管总局为进一步推进冶金、有色、建材、机械、轻工、纺织、烟草、商贸等行业(以下统称冶金等工贸行业)安全生产标准化工作制度化、规范化和科学化，依据《国务院关于进一步加强企业安全生产工作的通知》(国发〔2010〕23号，以下简称《通知》)和《企业安全生产标准化基本规范(AQ/T 9006—2010)》，制定了《冶金等工贸企业安全生产标准化基本规范评分细则》。

为树立冶金等工贸企业深入开展安全生产标准化建设的标杆和样板，更好地发挥典型示范的引领作用，按照《国务院安委会办公室关于深入开展全国冶金等工贸企业安全生产标准化建设的实施意见》(安委办〔2011〕18号)的总体要求，国家安全监管总局确定了鞍钢集团公司等22家企业作为全国冶金等工贸行业安全生产标准化创建典型企业。

《关于继续深入扎实开展"安全生产年"活动的通知》(国办发〔2012〕14号)中，要求"着力推进企业安全生产达标创建。加快制定和完善重点行业领域、重点企业安全生产的标准规范，以工矿商贸和交通运输行业领域为主攻方向，全面推进安全生产标准化达标工程建设。对一级企业要重点抓巩固、二级企业着力抓提升、三级企业督促抓改进，对不达标的企业要限期抓整顿，经整改仍不达标的企业要责令关闭退出，促进企业安全条件明显改善、管理水平明显提高。"

这一系列重要文件的出台，标志着以岗位达标、专业达标和企业达标为内容的安全生产标准化建设成为了有效防范事故的重要手段，是推动企业落实安全生产主体责任的重要抓手，成为创新社会管理、创新安全生产监管体制机制、促进企业转型升级和加快转变经济发展方式的重要内容。

3.1.3 企业安全生产标准化建立、保持、评审、监督

1. 建立和保持

企业安全生产标准化工作采用"策划、实施、检查、改进"动态循环的模式，依据标准的要求，结合自身特点，建立并保持安全生产标准化系统；通过自我检查、自我纠正和自我完善，建立安全绩效持续改进的安全生产长效机制。

创建安全生产标准化企业需要企业全体人员的共同参与和支持。因此，首先需要成立创建领导机构，全面部署创建工作；依据《基本规范》的规定，结合企业实际，做好职能分解；组织全面分层次进行培训，理解和掌握《基本规范》及配套考评细则的要求和内容，使全体人员能够接受安全生产标准化创建的核心思想，理解创建安全生产标准化企业对企业和个人的重要意义。

安全生产标准化工作是按照我国法律法规、规章制度等要求，结合我国企业安全管理工作情况和国际先进的"策划、实施、检查、改进"的动态循环的安全管理思想而形成的，所涉及元素并不是完全与"策划、实施、检查、改进"的顺序一一对应，但在总体结构设计上体现了动态循环和持续改进的思想。

策划，是依据法律法规、标准规范等要求，分析企业生产工艺、业务流程、组织机构、人员素质、设备设施状况等基本信息，对企业安全管理现状进行初步评估，发现存在的问题，从而建章立制的阶段。根据评估结果，提出安全生产目标，确定创建安全生产标准化的目标方案，包括工作过程、进度、资源配置、分工等。根据有关规定和企业实际需求，配备相应的组织机构，并对职责提出要求；识别和获取适用的安全生产法律法规、标准及其他要求，将相关要求融入安全生产规章制度、安全操作规程中去；建立安全投入保障制度，确保安全投入到位。

实施，是将策划中所制定的目标、组织机构、职责、制度等实施的过程。根据制度规定，做好全员的安全教育培训工作，保证从业人员具备必要的安全生产知识，保障各项安全生产规章制度和操作规程顺利实施；通过生产设施设备管理、作业现场安全管理等，将各项制度落实到位，实现安全生产标准化工作有效实施，实现安全生产的目标；通过应急救援，事故报告、调查和处理，对实施过程中可能发生的事故，一旦发生，能及时采取有效措施，将损失降到最低。

检查和改进，是衡量策划的实施效果，对发现的问题及时进行处理。通过治理隐患、重大危险源监控等方式，将实施的效果与预定目标进行对比，对发现的问题，采取相应措施及时进行整改；同时做好职业健康管理工作，这是从人员健康角度检查各项安全法律法规、制度规程等是否落实到位的方法和手段。企业要每年至少一次对本单位安全生产标准化的实施情况进行检查和评价，发现问题，找出差距，并根据安全生产标准化的评定结果、预测预警技术所反映的问题等情况，提出完善措施，对安全生产目标、指标、规章制度、操作规程等进行修改完善，进行新一轮的循环改进。通过这种自我检查、自我纠正和自我完善的方式，实现持续改进的目标，不断提高安全生产水平和安全绩效。

2. 评审和监督

企业安全生产标准化工作实行企业自评和外部评审的方式。

企业应当根据本标准和有关评分细则，对本企业开展安全生产标准化工作情况进行评定；自评后申请外部评审定级。

安全生产标准化评审分为一级、二级、三级，一级为最高。

安全生产监督管理部门对评审定级进行监督管理。

自评是企业根据本单位的安全生产工作实际情况，全面系统地与本规范要求的标准逐条逐项进行判断对比，用量化值表示符合或存在差异的程度，综合分析，得出量化的、反映整体安全生产工作状况结论的过程。自评的目的是总结安全生产工作现状，查找需要改进的问题，明确下一步的工作方向。自评可以是企业依靠自身的资源组织进行，也可以聘请外部有能力的咨询服务机构、人员参与进行。

外部评审是由确定的第三方对企业自评的情况进行审核，验证和确认企业评定结论的过程。外部评审一是企业需要，并自主提出的；二是评审方是经过相关方面确认的、公正的、非商业目的的机构；三是评审应有确定的结论，如根据量化结果得出企业安全生产标准化的等级。

安全生产监督管理部门根据安全生产标准化评定的相关管理办法，对企业开展安全生产标准化工作提出明确的要求，对评审定级工作进行监督管理，监督评审机构公正、客观地开展评审工作，保证企业开展安全生产标准化的工作质量，促进提高企业的安全生产管理整体水平。

3.1.4 企业安全生产标准化具体操作步骤

企业安全生产标准化建设流程包括策划准备及制定目标、教育培训、现状摸底、管理文件制修订、实施运行及完善、企业自评及问题整改、评审申请、外部评审等八个阶段，见图3-1。

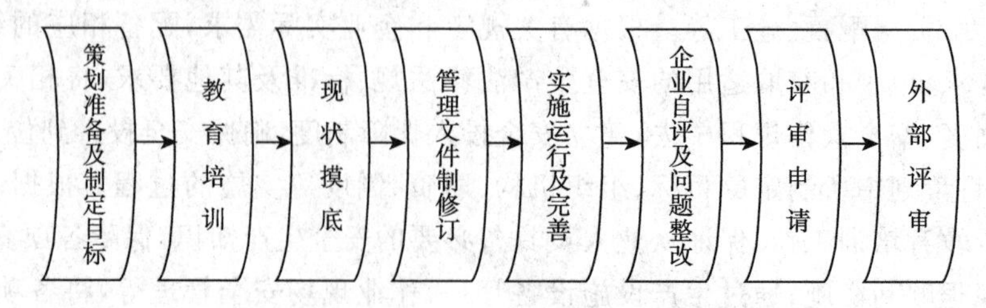

图3-1 企业安全生产标准化建设流程图

第一阶段：策划准备及制定目标。策划准备阶段首先要成立领导小组，由企业主要负责人担任领导小组组长，所有相关的职能部门的主要负责人作为成员，确保安全生产标准化建设所需的资源充分，成立执行小组，由各部门负责人、工作人员共同组成，负责安全生产标准化建设过程中的具体问题。

制定安全生产标准化建设目标，并根据目标来制定推进方案，分解落实达标建设责任，明确在安全生产标准化建设过程中确保各部门按照任务分工，顺利完成阶段性工作目标。大型企业集团要全面推进安全生产标准化企业建设工作，发动成员企业建设的积极性，要根据成员企业基本情况，合理制定安全生产标准化建设目标和推进计划。要充分利用产业链传导优势，通过上游企业在安全生产标准化建设的积极影响，促进中下游企业、供应商和合作伙伴安全管理水平的整体提升。

第二阶段：教育培训。安全生产标准化建设需要全员参与。教育培训首先要提高企业领导层对安全生产建设工作重要性的认识，加强其对安全生产标准化工作的理解，从而使企业领导层重视该项工作，加大推动力度，监督检查执行进度；其次要解决执行部门、人员操作的问题，培训评定标准的具体条款要求是什么，本部门、本岗位、相关人员应该做哪些工作，如何将安全生产标准化建设和企业以往安全管理工作相结合，尤其是与已建立的职业安全健康管理体系相结合的问题，避免出现“两张皮”的现象；再次，要加大安全生产标准化工作的宣传力度，充分利用企业内部资源广泛宣传安全生产标准化的相关文件和知识，加强全员参与度，解决安全生产标准化建设的思想认识和关键问题。

第三阶段：现状摸底。对照相应专业评定标准(或评分细则)，对企业各职能部门及下属各单位安全管理情况、现场设备设施状况进行现状摸底，摸清各单位存在的问题和缺陷；对于发现的问题，定责任部门、定措施、定时间、定资金，及时进行整改并验证整改效果。现状摸底的结果作为企业安全生产标准化建设各阶段进度任务的针对性依据。

企业要根据自身经营规模、行业地位、工艺特点及现状摸底结果等因素及时调整达标目标，不可盲目一味追求达到高等级的结果，而忽视达标过程。

第四阶段：管理文件制修订。对照评定标准，对各单位主要安全、健康管理文件进行梳理，结合现状摸底所发现的问题，准确判断管理文件亟待加强和改进的薄弱环节，提出有关文件的制修订计划；以各部门为主，自行对相关文件进行修订，由标准化执行小组对管理文件进行把关。

值得提醒和注意的是，安全生产标准化对安全管理制度、操作规程的要求，核心在其内容的符合性和有效性，而不是其名称和格式。

第五阶段：实施运行及完善。根据制修订后的安全管理文件，企业要在日常工作中进行实际运行。根据运行情况，对照评定标准的条款，将发现的问题及时进行整改及完善。

第六阶段：企业自评及问题整改。企业在安全生产标准化系统运行一段时间后(通常为3～6个月)，依据评定标准，由标准化执行部门组织相关人员，对申请企业开展自主评定工作。

企业对自主评定中发现的问题进行整改，整改完毕后，着手准备安全生产标准化评审申请材料。

第七阶段：评审申请。企业在自评材料中，应尽可能将每项考评内容的得分及扣分原因进行详细描述，应能通过申请材料反映企业工艺及安全管理情况；根据自评结果确定拟申请的等级，按相关规定到属地或上级安监部门办理外部评审推荐手续后，正式向相应评审组织单位递交评审申请。企业要通过《冶金等工贸企业安全生产标准化达标信息管理系统》完成申请评审工作。

第八阶段:外部评审。接受外部评审单位的正式评审,在现场评审过程中,积极主动配合。并对外部评审发现的问题,形成整改计划,及时进行整改,并配合上报有关材料。

3.1.5 企业安全生产标准化建设中应注意的问题

1. 加强领导,提高各级领导的安全文化素质

领导者好比种子,通过他们把安全价值观言传身教播种到每一个员工心里,进而通过细致的工作和努力的实践不断进行教育,就能最有效地加快安全标准化建设速度,从而形成良好的安全文化氛围。很多企业主要负责人思想上并不重视安全生产,主要表现为:一是部分企业负责人存在“要自己的钱,不要别人的命”的思想,违法生产经营或者知法犯法;二是一些企业生产适应市场的需要,效益较好,再加上多年没有发生大的事故,对安全存有侥幸心理,认为安全无关紧要;三是一些地方政府监管不到位。一些地方政府和部门对安全生产不重视,一把手工作不到位,不过问、不了解辖区内安全生产工作,分管领导和安委会成员单位对企业违章违规操作熟视无睹,疏于监管,组织的安全大检查,走马观花,流于形式,往往容易给企业负责人造成一种错觉,认为安全管理非常简单,不用创新与投入,就能避免安全生产事故。由此可以看出,企业负责人往往只要经济效益和“票子”,忽视安全生产,他们没有意识到它所产生的法律后果。开展安全生产标准化建设工作,涉及全员、全过程和全方位,因此,只有企业领导高度重视,才能确定创建安全生产标准化企业的目标,才能在人、物、财方面给予支持和投入,以保证目标的实现。

2. 责任落实

安全生产标准化创建工作是一项复杂的系统工程,涉及部门众多,且《安全生产标准化考评标准》覆盖了与安全生产相关的所有内容,因此,落实各级安全生产责任制,构建安全生产管理网络尤为重要。

安全生产责任制是企业最基本的安全管理制度,是企业各级、各类人员在安全生产方面应负的责任。安全生产规章制度是企业搞好安全生产,保证其正常运转的重要手段。很多企业存在一种错误观点,认为安全责任制是安全部门的事,是安全管理人员的事,与其他部门和人员没有多大关系;有的企业对安全工作“严不起来,落实不下去”,存在“说起来重要,干起来次要,忙起来不要,出了事故再要”的现象,不出事故,安全部门提出的安全问题也被忙碌的生产所冲淡,引不起企业负责人的足够重视。特别是在少数联营、民营等非公有制多种经济成分企业中,安全生产组织不健全、安全生产规章制度不完善、安全生产管理网络覆盖面不足等问题比较突出。

3. 落实安全生产管理机构和加强教育培训

安全教育培训是保证企业生产安全的基础,可以不断提高职工的安全观念和安全意识,可以唤起职工对安全生产的责任心和自觉性,营造良好的安全生产氛围。职工岗位上的安全生产是整个企业安全生产的基础。良好的安全意识是进行安全生产的首要前提,我们企业的职工在生产过程中要求进行正确的安全作业,要达到这一目的,只靠自身的技术水平是不可能完全实现的,如果不具有安全生产的意识和责任感,缺乏必要的安全生产知识和安全操作技能也

难免会发生事故，那么企业的生产就时刻存在着不确定性，事故随时都可能发生。只有通过抓好每个岗位职工的安全生产教育培训工作，使之具备必要的安全生产知识，熟悉有关安全规章制度和安全操作规程，增强事故预防和应急处理能力，并教育他们不断更新知识，提高技能，才能做到安全生产。

首先，安全生产管理机构和安全生产管理人员的作用是落实国家有关安全生产的法律法规，负责日常安全管理工作，它是企业安全生产的重要组织保证。但是，很多企业并未按照规定设立安全生产管理机构，配备安全生产管理人员及对有关管理人员未按照规定进行培训。我们都知道，安全工作既是一项管理工作，同时又是一项技术性很强的工作，它所涉及的内容和领域非常广泛。然而很多企业在配置安全管理人员时，往往都由生产一线的职工兼任，他们从事安全工作凭的就是经验和对生产现象的粗浅了解，可以想象这样的一个安全管理群体会取得怎么样的安全成果。这样的安全管理队伍怎么能适应现代经济发展的要求？就是不出现安全事故，安全管理工作也只能在低水平徘徊，这将非常不利于我国安全事业的发展。

其次，由于企业负责人对安全认识上存在问题，导致他们不能正确对待安全教育培训工作，他们中的大部分不是缺少必需的安全认证、安全培训，就是应付差事走形式，甚至花钱买证的现象也在一定范围内存在。这种态度和现状导致企业安全人员和特种作业人员的技术水平含金量也大打折扣。特别是乡镇企业，喜欢聘用文化水平低、安全技能差的农民工，他们的优点是体力好、劳动积极，但这部分人往往是安全工作的薄弱环节，他们的习惯性违章现象极为普遍，同时也是各种伤亡事故的直接受害者。加强对这部分劳动者的安全教育培训和个体防护是安全工作的重点之一。据统计，在企业安全生产伤亡的人群中，超过半数的伤残人员是这一类劳动者。

另外，企业机构合并、人员裁减，安全生产管理部门和人员首当其冲，导致安技人员流失严重。安全工作出现空白或者由缺乏安全知识、不能深入生产开展安全工作的人员担任安全管理工作，这种不尊重安全工作科学性的做法显然违背了安全工作的客观规律。

4. 加强隐患排查、综合治理

安全第一，预防为主，综合治理，其中综合治理是关键。事故源于隐患，防范事故的有效办法就是主动排查，综合治理各类隐患，把事故消灭在萌芽状态。事故发生后，要组织开展好抢险救灾，调查事故发生原因，依法追究当事人的法律责任，深刻汲取教训，但是作为生命个体来说，伤亡一旦发生，就不再有改变的可能，所以就要切实做好安全生产工作，贯彻好安全生产方针，坚持安全生产标本兼治，重在治本，治本就是综合治理。

(1)抓实工作过程的安全隐患排查。就是对全体人员从班前会到作业现场，直至交接、班后会进行全过程的安全管理，加强统一指挥，杜绝个别员工工作过程的随意性和盲目性，对工作程序的全过程中发现的安全隐患和人的不安全行为及时进行排查。不断完善相关规章制度的同时，对隐患进行动态辨识，通过制定相关预防措施，做到各项规章制度有效可行、各类隐患动态可控。

(2)抓实生产工艺过程中的安全隐患排查。就是严格生产全过程各环节、各工艺管理，规范操作过程中的每一道工序、工艺，控制盲干、蛮干行为。我们在操作规程基础上，制定了详细的操作标准，要求每位员工严格按照操作规程进行标准操作，上标准岗、干标准活，同时制定了整套监督考核办法，从操作环节控制了违章指挥、违章作业等行为隐患的产生。

(3)实施重大安全隐患挂牌督办制度，建立了行政人员包片管理，安全员、群监员和青安岗员经常性检查巡视，班组长监督检查三级重大安全隐患监控网络体系，实行分级监控，挂牌督办。明确各级监控责任人及其职责，制定监控程序和监控办法，要求各级监控人员详细掌握重大安全隐患的特征和存在状态，对其危害程度和导致事故的可能性进行分析，对治理方案和措施加以评价，对治理过程进行监督检查、动态管理、跟踪落实。

(4)安全隐患排查治理责任追究机制。我们发现，为什么有些安全隐患治而又生、重复不断？其主要原因在于隐患排查治理的责任不落实，责任追究的力度小。所以我们制定了安全隐患排查治理责任追究办法和《本质安全管理考核办法》，成立以班组长以上管理人员为主要成员的考核小组，以班组为单位，每天进行隐患排查跟踪统计，将隐患整改落实到个人，对整改不作为的领导、专职人员、班组长进行问责，从而加强安全隐患排查治理过程控制，打破安全隐患"产生——治理——再产生——再治理"的不良循环。

(5)充分发挥群监员和青安岗员的检查监督作用，要求群监员经常深入生产现场查隐患，每月提两条合理化建议和两条隐患整改意见，有力增强了职工的安全意识。

(6)设立"三违"曝光台，要求管理人员以身作则，亲临作业现场抓"三违"、查隐患，积极营造安全生产氛围。充分发挥管理人员跟班带班作用，要求管理人员、班组长、安全员做到现场指挥、跟班作业、跟踪监督，使工作中的危险源始终处于有效控制之中，确保生产现场管控到位。

(7)将"创先争优"活动融入到隐患排查整治当中。坚持深入开展"党员身边无'三违'、党员身边无事故"活动，要求每名党员坚持做到"四个到位"和发挥"五个模范作用"，真正起到"一个党员一面旗帜"的模范带头作用，继而充分发挥党组织在安全生产中的保证、监督作用，促进安全生产的健康稳定发展。

5. 紧紧围绕企业实际，推进安全标准化建设

在安全标准化建设过程中，各单位要注重与本单位实际相结合。可以按照"先简单后复杂、先启动后完善、先见效后提高"的要求，统一规划，分步实施，切实抓好企业安全标准化建设工作。

6. 利用一切手段，加大对安全文化的传播

要把对安全文化的宣传摆在与生产管理同等重要、甚至比其更重要的位置来宣传。抓好安全文化建设，有助于改变人的精神风貌，有助于改进和加强企业的安全管理。文化的积淀不是一朝一夕，但一旦形成，则具有改变人、陶冶人的功能。

企业安全文化是企业在长期的生产实践中所创造的一切物质财富和精神财富的总和。它主要包括：为全面提高员工在生产经营活动中身心安全与健康的物质条件、作业环境、管理制度，也包括员工的安全意识、价值观念、伦理道德、行为规范等精神因素。它贯穿于安全生产的全过程，渗透于企业员工工作和生活的方方面面。

企业安全文化体现在每一个员工身上，渗透在每一个人心中，丰富多彩的企业安全文化，像形式多样的安全演讲、知识竞赛、文艺宣传、"三违"帮教、青年先锋岗、党员责任区等，这些各具特色的安全文化，是企业安全工作的源泉和动力。

安全文化是一种新型的管理形式，是安全管理发展的高级阶段，加强安全文化建设，会进一步提高员工的自身修养，树立企业新形象，增强企业的核心竞争力。因此，大力加强企业安全文化建设，是企业实现安全发展、长久发展的必由之路。

7. 不断加大投入，发挥硬件的保证作用

企业要预防事故，除了抓好安全文化建设外，还需要不断加大投入，依靠科技进步和技术改造，依靠不断采用新技术、新产品、新装备来不断提高安全文化的程度，即保证设备控制过程的本质安全（主要指对生产、质量等方面的控制），保证设备控制过程的本质安全（加强对生产设备、安全防护设施的管理），保证整体环境的本质安全（主要是为企业环境创造安全、良好的条件）。生产场所中都有不同程度的风险，应将其控制在规定的标准规范之内，使人、机、环境处于良好的状态。

安全事故的发生是由于人的不安全行为和物的不安全状态导致能量的意外释放。其中物的不安全状态是发生事故的主要原因之一。由于当前我国劳动力资源丰富，激烈的竞争致使劳动力价值较低。一些生产单位在巨额的安全措施费用投入与低廉的劳动力价值之间做出了错误的选择和决策。

目前，部分企业建设项目执行“三同时”审批制度时，未进行安全评价和安全论证，留下事故隐患；没有按规定配备必要的劳动防护用品，有的企业采用比价采购的办法，降低成本，导致采购的劳保用品质量低劣；没有参加工伤社会保险，从业人员遭受事故伤害或患职业病无法获得医疗救治、职业康复和经济补偿，有的企业出了工伤事故不进行工伤鉴定，不享受工伤待遇，更严重的是造成工伤或疑似职业病就解除劳动合同。很多企业在生产作业车间缺乏必要的安全警示标志，一些特种设备从设计制造到安装使用、维修改造不符合国家标准或者行业标准；使用的是落后工艺、落后设备，安全条件极差，粉尘、噪音超标严重，通风不符合要求，照明很差或不足。从业人员在这样没有安全生产保障的条件下作业，导致了伤亡事故和职业病发生率居高不下。这些企业在安全生产检查中，表面上重视安全，事实上却采用不惜牺牲劳动者健康甚至生命的不人道做法来换取经济效益。这种现象在矿山企业、手工业制造企业及化学工作企业中较为普遍，近年来发生的群死群伤类重特大安全事故多数来源于这样的企业。

8. 建立企业安全管理的激励机制和长效机制

目前多数企业在安全管理方面缺乏激励机制，突出表现是安全奖吃大锅饭，或有罚无奖。安全管理最重要的是预防，而不是事后处理。有罚无奖，常常使受罚人只认倒霉不认错，其他人袖手旁观，觉得事不关己。因此，安全管理的激励机制应当克服上述两项缺点，重奖预防事故的有功人员，通过精神鼓励和物质奖励，使有功者成为企业英雄，成为广大职工学习的榜样。对安全生产有突出贡献的集体和个人要给予奖励，对违反安全生产制度和操作规程造成事故的责任者，要给予严肃处理，触及刑律的，交由司法机关处理。要采取一切可能的措施，全面加强安全管理、安全技术和安全教育工作，防止安全事故的发生。尤其在企业每年的各项先进评比活动中，要实行安全生产一票否决，突出安全生产奖励优先，奖励额度也应体现优先，促使员工自觉养成安全行为的习惯。

建立企业安全管理长效机制，是当前企业安全管理的一件大事。一是要创新安全理念。

必须树立安全生产人人、事事、时时、处处第一的理念。安全生产需要全员参与，齐抓共管，恒久坚持。二是要加强安全技术创新。安全技术创新就是在现有应用技术的基础上，始终不断地在现代技术领域增大智力和资金投入，通过开发新技术、投入新设备以及运用先进科学的管控手段，实现最为安全、经济、快捷的生产过程，保证人、设备、系统始终处于安全状态。三是要创新监管手段。要通过组织安全监管人员学习培训，强化源头管理。要充分发挥安全生产领导小组的桥梁和纽带作用，综合调动一切可以利用的资源，使企业党政工青都来关注、参与和监督安全生产过程。四是要创新监督方式。积极探索新形势下安全监督工作的新思路、新做法，强化对安全生产工作的监督。要以安全保障体系和安全监督体系为基础，建立职责明确、相互协调、高度统一的科学体系。要大力推广应用先进的方法和手段，建立持续改进与创新的机制。

3.2 企业安全管理制度档案记录完善

3.2.1 企业安全管理文件现状

1. 企业安全生产管理制度存在的问题

(1)安全生产管理制度缺乏科学性和完整性。现代企业制度要求企业管理科学，而有些企业安全生产责任制度内容十分简单，局限在控制事故指标方面。有的部分条款不符合国家现有法律、法规、标准。有的企业按厂级、科处级、车间负责人、班组长从上到下，按大类制定了内容相同的责任制，如领导干部责任制、中层干部责任制等。殊不知由于职能不同，作业条件及作业对象不同，在安全生产方面所承担的责任也是不同的。责任同职能不能对应，不能充分调动和发挥企业各职能部门在安全生产方面的主观能动作用，责任不能到位，使企业人、机、环境及生产经营过程部分失控。在安全管理中，纵横接口处的责任有的重叠，有的遗漏，造成了遇事不是相互推诿，就是无人管。在制定各级安全生产责任制时，必须明确规定各类人员在安全生产中干什么、怎样干、干到什么程度、什么时间干、谁干，才能真正做到责任明确、工作有序。

(2)安全生产管理制度与企业现行组织机构不相对应，影响执行效果。有的企业在制定责任制度时，为了走捷径，将兄弟企业的安全生产责任制度不加修改照搬过来，换个企业名称，反正“天下秀才是一家，你抄我来我抄他”，造成责任制与企业实际组织机构及职能不相对应。如有的企业本来没有铁路，却有《道岔工责任制》，闹了很多笑话。有的企业在改组、联合、兼并、租赁、承包经营、股份制改造等过程中，企业机构、产业结构、干部职务设置发生了很大变化，厂变成了集团、公司，厂长变成了董事长、经理，而原有安全生产责任制度没有作相应调整，已自然失效，形成无法可依的局面。安全生产责任制必须充分体现“分级管理、分线负责”的原则，有岗位、有负责人就有与之对应的安全生产责任制，安全生产责任制也必须与企业现行组织机构及职能相对应。在分级、分线的基础上进行分权分责。有的企业由于责、权、利的关系不协调，造成有权者不一定负责，负责者不一定有权，担风险者不一定获利，获利者不一定担风险。企业应当尽量做到责、权、利相当。有利于调动各级责任人的积极性，真正做到各负其责，各司其职。

(3)企业现行的安全生产管理制度及其他管理制度与安全生产责任制不配套,在实施中无工作程序,落实十分困难。如企业安技部门要对危险作业进行审批(履行这项责任),那么就应有相应的危险作业管理制度相配套。工艺部门不得允许不合格的工装流入生产岗位以免造成事故,那么就应有相应的工装设计、评定、验证、复制、修理、报废、保管、领用等一整套完整的管理制度。往往一项安全工作要经历一个过程,或涉及多部门、多层次共同协作才能完成,那么就必须遵循一定的程序去各司其职,才能做到有条不紊。如三级安全教育、涉及横向有劳资、教育、安技、生产等部门,纵向涉及厂级(公司)、车间(分厂、分公司)、班组等层次。所涉及的单位在三级教育中,干什么,怎样干,干到什么程度,什么时间干,谁干,根据程序和责任一一落实三级教育才有实效。有的企业新工人进厂时,劳资部门未通知安技部门就分配到工作岗位,安技部门发现后才重新安排教育。劳资部门在三级教育方面干什么(通知安技部门)、怎样干(向安技介绍新工人基本情况)、干到什么程度(只干到知道进行教育的程度)、什么时间干(新工人进厂即通知安技部门)、谁干(谁负责这项工作,谁通知安技部门),都存在着问题,其三级安全教育程序也乱了套。因此,落实安全生产责任制必须有一套完整的劳动卫生制度和程序文件作支撑。

(4)安全生产管理制度未按合法程序制定,影响权威性。新的安全管理体制规定企业自己负责安全管理,很多企业因此设置了相应的职能部门。但是有些企业不少职能部门不知道企业安全管理制度中自己的安全生产职责,在别人告诉后却回答:“那是别人订的,我们无法执行”。形成这种现象的原因,一是各职能部门的安全生产责任制文本不是职能部门自己起草的;二是由安技部门起草后,未通过各有关部门,成为“一家之言”;三是“拿来主义”,照抄兄弟单位的东西。由于责任制本身不具权威,企业安技部门实施监督检查时根本没有说服力。一旦企业出现异常事件去查找那些责任制文本资料来追查责任时,那些不伦不类的条款,使责任者或受害者都哭笑不得。这种被动式的落实责任制而不是用责任制充分调动各职能部门主观能动作用的办法,绝对是搞不好安全生产的。制定安全法规,要弄清楚立法与司法的关系,立法有权威,司法才有力度。安全生产责任制是企业安全生产最基本、最核心的制度,不论是由哪个职能部门起草制定,都必须由职代会讨论通过,厂长(经理)发布,这是企业由人治走向法治的必由之路,这样才能使各级领导在安全生产方面所肩负的责任落到实处。由职代会讨论通过,才能使安全生产责任制具有较高的权威性;厂长(经理)发布是对各级领导在安全生产方面定责授权的具体表现。有了较高权威性的制度和行动准则,有关部门实施监督、检查、考核,才能做到执法必严。

(5)安全管理脱离生产业务,造成制定出来的安全制度不正确且无法执行。所谓安全管理脱离业务,指的就是上文当中提到的,安全管理部门把工作的重点放在了安全管理体系的建设上,关注自身的安全管理工作如何开展,而没有将工作重心放在对生产运行业务的了解和分析上。这种工作方式可能造成安全管理部门制定出大量与实际生产业务不相匹配的安全要求,影响生产业务的顺利开展,容易引起安全管理部门与生产业务部门的对立。

(6)没有与生产业务切实融合,造成制定出来的安全制度无法有效地执行。另外一种情况,是安全管理部门制定出了合适的安全制度和安全管理要求,本来可以很好地执行。但是,安全管理部门将这些制度和要求按照安全管理的分类和视角编辑成册,变成一本专门的安全管理手册,而并没有真正融入到相关业务的各个环节当中去,生产人员不能够方便快捷地识别自己工作中的重点安全环节,还需要翻看厚重的安全管理手册,理解安全条例,再结合自己的经验考虑工作中要注意些什么，造成了大量的管理指令转换成本。这样的做法无形中加大了这些安全制度和要求融入到生产现场的难度。

2. 企业安全管理制度与安全生产标准化所需管理制度的差距

(1)安全标准化对安全制度的要求比较全面，覆盖了企业安全运行的各个步骤，从领导层到普通员工，从新员工到资深员工，从产品的生产阶段到运输阶段等方面，安全标准化都做了具体的要求。与安全标准化相比，企业目前安全制度不健全，缺少项比较多。

(2)许多企业的安全管理制度的制定只是注重形式，甚至是为了应对上级的检查等，所以在编制时，没有结合企业自身的实际情况，在实际运行中无法执行。

(3)由于多数企业往往只重视生产，而忽略了安全，致使企业许多安全管理制度没有具体执行。

(4)按照有关规定企业安全管理制度每年修订一次，但是多数企业的安全管理制度从没修订过。

3.2.2 完善修订安全管理制度

企业安全生产管理制度应根据企业现状和国家的法律法规适时进行完善和修订。完善和修订时应符合以下要求：

• 合法性

管理制度应贯彻国家有关政策、法令和规范，遵守企业基本法，与同级有关制度相协调，下级制度不得与上级制度相抵触。

• 完整性

管理制度在其范围所规定的界限内按需要力求完整。

• 准确性

管理制度的文字表达应准确、简明、易懂、逻辑严谨，避免产生不易理解或不同理解的可能性。管理制度的图样、表格、数值和其他内容应正确无误。

• 统一性

管理制度中的术语、符号、代号应统一，并与其他相关管理制度一致，已有国家标准的应采用国家标准，已有集团标准的应采取集团标准。同一概念与同一术语之间应保持唯一对应关系，类似部分应采用相同表达方式和措辞。

• 适用性

管理制度应尽可能结合企业的事实编写，同时应符合企业战略规划和企业基本法，力求具有合理性、先进性和可操作性。

1. 成立制度制定工作组

(1)成立制度制定工作组。工作组可为常设或临设机构；人员包括分管领导、注册安全工程师、安全评价师、职能管理人员、基层人员等；人员为专职或兼职，要求精干高效，具备较高的综合素质。

(2)实行分工协作制。按专业特长、职责范围等因素划分为若干小组，分工包干相关制度的制定工作，小组内成员之间也可分工包干制度的部分内容；企业主要负责人应亲自组织、督促，分管领导应亲自指导、协调、保障，其他领导应配合、支持。这样可提高工作效率。

(3)实行奖励和调整制。对兼职人员、超额完成工作任务人员、成绩突出人员等，进行月度奖励，以提高其工作积极性；对不能及时完成工作任务、完成任务质量较差、因故无法参与工作的人员，应及时调整出工作组。

(4)实行定期会议制。定期召开工作组会议，研究解决制度建设中的重点和难点问题。如：制定制度的总体思路和框架结构，讨论明确制度中的量化标准和执行程序。

(5)实行意见沟通制。工作组成员之间通过网络、电话、面谈等形式，及时沟通制度制定中出现的问题。工作组通过联席会议、职工座谈会等形式，与企业有关部门和人员及时交换意见，充分听取各方面的建议。

2. 分析企业安全现状

分析企业安全管理现状，设计安全管理体系，划分制度层级，绘制制度系统图；分析企业安全态势，划分各制度的侧重点和主要内容，制定制度纲要；分析实际工作流程，设计制度的落实程序和关键环节的职责，其中要充分考虑跨部门的衔接与配合。

3. 检索制定制度的相关资料

检索国家相关的法律、法规、标准等，查找制定制度的依据，明确企业必须遵守和参照执行的规定；检索上级相关的制度、规范、文件等，明确各类职责权限和认定标准；检索同行业相关的制度、案例等，借鉴其科学先进的管理经验；检索本企业以往的制度、规范等，分析不足和差距，查找死角和漏洞，确定制定制度的重点和方向；检索本企业职工提出的合理化建议、相关会议决定等，总结吸收本企业经实践检验行之有效的管理方法。

企业应常态化地建立信息收集组织，确定渠道、方式、时机，及时识别和获取适用的安全生产法律、法规、标准及其他要求；建立技术评价组织，适时研究量化标准、认定标准、风险评价方法及风险防范措施；建立事故分析组织，组织职工对事故案例进行深入分析，剖析原因，查找不足，征求职工对提升安全管理水平的意见和建议。

4. 制度起草的原则

(1)分级管理原则。企业各管理层级的职责不同，应根据不同的管理层级，逐层建立管理制度。以安全检查管理制度为例，厂级、职能部室级、车间级、班组级等，逐步对组织、形式、次数等主要内容等进行细化量化，使每个岗位职工明确检查的关键部位、重点装置、危险源、量化参数、方式方法、认定标准、时间次数、所需防护用品和工具等。

(2)系统化原则。制度总体要涵盖到安全生产的各方面，成龙配套，形成体系，不出现死角和漏洞。各方之间相互衔接、渗透，相互补充、相互一致，避免出现程序杂乱、标准不一、细则抵触、语言矛盾。

(3)程序化原则。明确具体的责任人、责任部室，明确具体工作的执行流程，明确管理层与执行层之间、各管理部门之间的分工界面与安全职责，不能以“有关”、“相关”、“原则”等空泛规定取而代之，使制度真正成为企业所有成员各司其职、各负其责的依据。

(4)考核奖罚原则。建立车间、班组、个人三级安全考核模式，统一安全奖罚体系，将各项奖罚措施同归于该体系中的三级考核细则，从而统一奖罚尺度，明确奖罚职责。

5. 制度编写应注意的问题

(1)制度的写法

制度中切忌空话、原则性的话，所有制度内容都应当与“做”相关：谁做，做什么，如何做，达到什么标准或程度。

在“目的”部分，写明本文件的具体目的，不要写整个安全生产管理的目的。

在“适用范围”部分，写明本文件涉及的行政范围或作业活动范围。

关于定义：文件中用到的定义可以集中放在一处(例如置于管理手册中或文件合订本的前面)，而不需要在每个程序文件中重复那些常用的定义。只有那些仅在个别制度中用到的术语要在相应的制度中定义。

在“职责”部分，说明谁管什么事，即什么部门或单位负责什么工作。要把相关的职责说全，不要遗漏。注意不要把“怎么做”的内容写在这里。

文件中不要出现“按有关规定(制度或办法)执行”这类语句，应指明按什么规定(制度或办法)执行，给出文件名、文件中的条款号。

尽量避免使用“应”字，而使用“要”或“必须”；尽量避免使用“定期”，之以具体如何定期的规定；尽量避免使用“严格”、“认真”这样的词汇，代之以具体做法。

引用的文件，可以是安全生产法规或行业安全规范、其他制度，也可以是“借用的”其他质量管理体系文件，但不能是企业的其他安全生产有关的文件，即不允许在文件系统之外，还存在与安全生产有关的文件，避免“两张皮”现象。

涉及文件引用时，如果某个文件的全部内容或绝大多数内容都适用，可以直接引用该文件；如果只有少数或个别条款适用，则不要直接引用该文件，而把相关内容体现在制度中。

关于几个栏目的关系，要做到“五对应”：

“职责”与“要求”对应，前者说到谁管什么，后者要说怎么管；反之亦然。

“相关文件”与“工作要求”对应，前者列出的文件，后者必须说明何时或何种情况下执行；反之亦然，后者引用的文件，前者必须列出。

“相关记录”与“工作要求”对应，前者引用的记录，后者必须说明何时或何种情况下使用；反之亦然，后者引用的记录，前者必须列出。

“目的”与“工作要求”对应，前者的概括，不能漏掉后者的要点、不能跑题。

“适用范围”与“工作要求”对应，前者为后者划定空间和时间区域，后者的内容在前者规定范围内。

(2)内容的安排

一般情况下，同样的内容的不应出现在不同的文件中，即不要在不同的文件中重复同样的内容。把某内容安排在最适合的文件中，其他文件可以引用该文件。

一般情况下，在同一文件中，不应出现重复的话。把该句话安排在最适合的栏目下。

(3)最小化

在文件结构设计时，在满足要求的情况下，追求文件数量的最小化。

在文件编写时，在满足要求的情况下，追求文件栏目数量的最小化。

在文字陈述上既要具体、细致又要简明，追求句、词、字数量的最小化。

(4)少发红头文件

安全生产标准化文件是企业标准，在制定并完善之后，有关的职能部门要改变工作方法，按其规定进行安全生产管理，而不能动辄发出与文件内容相同、相近或相悖的红头文件。

6. 制度讨论审核

(1)实行制度讨论制。以一定的形式，在一定范围听取员工对制度的意见和想法，征求员工的建议，集中民智，对提出合理化建议的员工给予奖励。经过反复讨论修订，最终形成制度正式文本。

(2)实行制度审核制。制度的审核签发由相关部门负责人、相关领导会签，并对会签内容负责，对出现重大失误的制度会签人，要给予处罚。

7. 制度实施要点

(1)领导率先示范。领导班子成员特别是主要领导要带头学习制度、遵守制度、执行制度，做落实制度的表率，形成“用制度管人，按制度办事”的良好习惯。

(2)加强制度学习。定期组织职工学习相关法律法规、规章制度，熟悉制度条文，领会制度的精神实质，掌握执行制度的各种要求、标准和尺度，并通过考试等形式检验和巩固学习成果。

(3)抓好制度宣传。对制度建设的典型做法、典型事例和典型单位要及时进行宣传报道，营造严格按制度办事的舆论氛围。

(4)强化主管部门监督。各相关职能部门在带头落实本部门制度的同时，认真履行主管职责，严格把好业务监督关，及时发现和纠正各种违规行为。

(5)落实群众监督。要充分保障群众对制度建设和落实情况的知情权、参与权、表达权和监督权。

(6)引入“第三方”监督。邀请有关专家和社会咨询评估机构，对制度建设和执行情况进行定性定量评估，并公布结果。

(7)兑现奖惩措施。加强制度执行和落实情况考核，兑现各项奖励处罚规定，做到奖罚分明。

(8)建立文化体系。开展各类安全文化活动，提高全员的安全意识、安全技能，进而让人人都“懂安全、要安全、会安全、能安全”，确保安全。

(9)实行反馈机制。追踪制度的执行效果，认真收集制度执行过程中发现的问题以及管理和服务对象的意见和建议。

8. 制度修订

要按照制度执行过程中出现的问题和公司内外部环境变化情况，对原有制度中无法适应和满足安全工作要求的条款及时进行修订完善，使制度建设实现闭环管理。

9. 企业应建立安全管理制度目录

(1)必要的制度：

①《安全生产责任制》；

②《安全生产教育和培训制度》；

③《安全生产检查制度》;
④《生产安全事故隐患排查治理制度》;
⑤《具有较大危险因素生产经营场所、设备设施的安全管理制度》;
⑥《危险作业管理制度》;
⑦《特种作业人员管理制度》;
⑧《劳动防护用品配备和管理制度》;
⑨《安全生产奖励和惩罚制度》;
⑩《职业危害防治制度》;
⑪《安全操作规程》。
(2)一般制度:
①《危险化学品安全管理制度》;
②《消防安全制度》;
③《特种设备安全管理制度》;
④《安全生产例会制度》;
⑤《"三同时"安全管理制度》;
⑥《相关方安全管理制度》;
⑦《临时线审批制度》;
⑧《安全防护装置、防尘防毒设施安全管理制度》;
⑨《女工保护制度》;
⑩《厂内交通安全管理制度》。

10. 北京市安全生产标准化要求建立的安全生产档案

详见表3-1。

表3-1　安全生产档案

序号	档案名称	归档资料	备注
1	生产安全事故与职业病档案	生产安全事故处理档案应包括: 1. 现场勘察、调查了解的情况记录、现场照片 2. 伤情报告书或诊断、手术证明 3. 事故分析会议记录 4. 事故报告书,包括事故经过、原因分析、责任分析、责任人、预防措施建议等 5. 对责任人的处理决定 6. 防范措施落实情况 职业病档案: 1. 企业基本情况、职工总人数 2. 主要有害因素接触人员情况 3. 有害作业工艺流程及分级监督管理核定结果 4. 有害作业点登记表(含粉尘、毒物、噪声、高温) 5. 职业病例登记表(含历次健康检查结果报告)	

续表

序号	档案名称	归档资料	备注
2	安全生产教育培训档案	1. 安全教育制度、计划 2. 教育大纲及培训记录 3. 安全培训记录	
3	安全生产奖惩档案	1. 安全生产奖惩的有关规定 2. 违章登记和处理以及执行情况	
4	事故隐患信息档案	1. 隐患类别、内容、整改方法、整改部门、整改负责人 2. 完成期限、实际完成日期、验收、反馈等	
5	安全技术措施项目档案	1. 项目名称、措施内容和预期效果 2. 经费预算、经费来源 3. 项目计划进度、项目设计单位、项目负责人 4. 项目可行性分析 5. 开工日期及竣工日期 6. 项目验收及其效果、经费决算等	
6	特种设备、危险设备、职业危害防护设施档案	1. 特种设备及危险设备台账 2. 安装装置、起用时间 3. 试运转及验收记录 4. 设备大修(或项修)记录 5. 设备事故记录等 6. 特种设备的设计文件、制造单位、产品质量合格证明、使用维护说明等文件以及安装技术文件和资料 7. 特种设备的定期检验和定期自行检查的记录 8. 特种设备的日常使用状况记录 9. 特种设备及其安全附件、安全保护装置、测量调控装置及有关附属仪器仪表的日常维护保养记录 10. 特种设备运行故障和事故记录 11. 高耗能特种设备的能效测试报告、能耗状况记录以及节能改造技术资料	
12	特种作业人员健康档案	1. 特种作业及危险作业名称 2. 作业人员体检表等	
13	职业健康监护档案	3. 从业人员职业史、既往史和职业病危害因素接触史 4. 作业场所职业病危害因素监测结果 5. 职业健康检查结果及处理情况。 6. 职业病诊疗等有关健康资料	
14	职业危害防治档案	1. 职业卫生管理机构 2. 定期或不定期地对职工进行职业卫生健康教育和培训记录 3. 按规定向职工提供符合防治职业病防护要求的设施和个人使用的职业病防护用品记录 4. 定期请由依法取得卫生行政部门资质认证的职业卫生技术服务机构对职业病危害因素进行检测、评价记录 5. 定期向职工公布记录	

续表

序号	档案名称	归档资料	备注
15	有毒有害作业点监测档案	1. 各种有害因素监测记录 2. 治理及有害因素浓度(强度)测定结果报告 3. 高温作业气象条件测定结果报告 4. 防尘防毒技术措施评价报告 5. 个人防护用品评价报告	
16	厂房建筑安全技术档案	1. 可行性研究方案 2. 计划任务书及批复(立项批复) 3. 工程项目申请、批准文件 4. 建筑设计的环保、职业危害审批文件(建设项目环境影响、职业危害报告书) 5. 消防审批文件、消防验收意见书 6. 竣工报告、规划验收合格证(地形竣工图) 7. 工程质量评估报告 8. 建筑竣工图、结构竣工图 9. 给排水竣工图、采暖竣工图 10. 电气竣工图、通风与空调竣工图	

3.2.3 企业安全管理制度范例

《安全生产费用提取、使用管理制度》

1. 目的

为加强公司安全生产费用管理,建立公司安全生产投入长效机制,确保企业对安全生产管理、事故隐患整改和安全技术措施所需费用的提取和使用,确保安全资金投入能及时到位,根据国家相关规定,结合公司的实际,特制定本管理制度。

2. 适用范围

本制度适用于公司的安全生产费用的提取和使用。

3. 引用法规及相关文件

3.1 《中华人民共和国安全生产法》

3.2 《中华人民共和国职业病防治法》

3.3 《国务院关于进一步加强安全生产工作的决定》

3.4 关于转发财政部、国家安全生产监督管理总局《关于印发〈高危行业企业安全生产费用财务管理暂行办法〉的通知(安监总局78号文)》的通知(中国化工发财〔2007〕43号)

4. 术语

安全生产费用:是指企业按照规定标准提取,在成本中列支,专门用于完善和改进企业安全生产条件的资金。

5. 实施程序

5.1 公司安全生产费用管理按照“公司安排、安委监管、确保需要、规范使用”的原则进行。

5.2 公司财务部根据安全生产费用的规定使用范围、公司安全生产情况、相关安全项目投资计划及年度安全生产费用预算计划，按照各部门的业务实际，在费用发生时据实列支到“安全生产费用”费用栏目中，以支代提，超出年度预算金额部分仍按正常的安全生产费用列支。

5.3 据实列支安全生产费用。

5.4 公司安全管理部将年度安全生产项目及费用投入计划报送主管副总经理、总经理审批。

5.5 公司财务部按照国家有关规定及公司计划，根据年度主营业务收入预算额的0.3%安排安全生产资金，纳入年度财务预决算，实行专款专用。

5.6 安全生产费用的使用，公司各相关部门应填写安全生产费用月度使用预算表，由公司安全管理部审核批准，并加盖“安全生产费用专用章”，安全管理部建立安全项目及资金使用台账，归档相关各种资料。

5.7 公司各部门发生属于安全生产范围项目内的用款时，依公司借款和报销相关规定办理财务手续后，到公司安全管理部办理签批确认，财务部才能纳入安全生产费用核算，无安全管理部签字的，财务部不予按安全生产费用核算、统计和管理。

5.8 公司财务部在各成本费用科目单独设立“安全生产费用”核算栏目，归集全部的安全生产费用支出。

5.9 安全生产费用应按照以下规定范围使用：

(1)车间、库房等作业场所监控、检测、通风、防晒、调温、防火、灭火、防爆、泄压、防毒、消毒、中和、防潮、防雷、防腐、防渗漏或者隔离操作等安全防护设备、设施的完善、维修和改善支出。

(2)配备必要的应急救援器材、设备和现场作业人员安全防护物品支出。

(3)安全生产检查与评价支出。

(4)重大危险源、重大事故隐患的评估、整改、监控支出。

(5)安全技能培训及进行应急救援演练支出。

(6)其他与安全生产直接相关的支出。

5.10 公司在本制度规定的使用范围内，应将安全生产费用优先用于满足安全生产监督管理部门对企业安全生产提出的整改措施或达到安全生产标准所需支出。

5.11 安全生产费用形成的固定资产，按国家财政部下发的财企〔2006〕478号文件的有关规定，纳入固定资产进行管理，按资产原值一次性计提折旧，以全额折旧的形式列支到安全生产费用中。

5.12 公司为职工提供的职业病防治、工伤保险、医疗保险所需费用，不在安全生产费用中列支。

6. 相关记录

6.1 AQBZH023-01 XX公司______年度安全生产资金投入计划表

6.2 AQBZH023-02 XX公司______年安全投入项目台账

附件一

AQBZH023-01 XX公司______年度安全生产资金投入计划表

责任部门	投入项目	预算金额
总计		

编制： 审核： 批准： 日期：

附件二

AQBZH023-02　XX公司______年安全投入项目台账

编号	部门	安全经费类别	项目名称	项目内容	投入金额	完成日期	备注

编制：　　　　　　　　审核：　　　　　　　　批准：　　　　　　　　日期：

《职业危害防治管理制度》

1. 目的

为贯彻落实《中华人民共和国职业病防治法》，使员工依法享有职业卫生健康保护的权利，加强有毒、有害作业场所的职业病防治管理，预防、控制、消除职业危害，保护员工身体健康，制定本制度。

2. 适用范围

2.1　公司员工在职业活动中，因接触粉尘和其他有毒、有害物质等因素引起的疾病，并列入国家公布的职业病范围的疾病。

2.2　对职业活动的公司员工可能导致职业病的各种危害。

2.3　公司员工从事特定职业、接触特定职业病危害因素，在从事作业过程中诱发可能导致对他人生命健康构成危险的疾病，及个人特殊生理和病理状态。

2.4　在生产环境和过程中存在的可能影响身体健康的因素(包括物理因素、化学因素、生物因素等)。

3. 责任部门

3.1　综合职能部负责公司职业病预防、统计管理工作。建立健全职业卫生管理制度，建立职业卫生健康档案，制定职业病防治计划和实施方案，制定职业病危害事故应急救援预案。负责职业危害因素的辨识、评价，开展职业病防治的宣传、教育，定期每年与疾病防治控制中心取得联系，对各生产部门的噪声等职业危害的作业场所进行检测，对现场存在的不合格检测项目，及时通知相关单位落实整改。

3.2　综合职能部负责与员工签订劳动合同，同时应当将工作过程中可能产生的职业病危害及其后果、工资待遇如实告知员工，并在劳动合同中写明。不得安排有职业禁忌症患者入厂，不得安排未经职业健康检查的劳动者入厂；对在职业健康体检中发现的职业病患者，应当及时调离原工作岗位，并妥善安置；对未进行离岗前职业健康检查的职工，不得解除或终止与其订立的劳动合同。

3.3　各生产部门负责落实职业病防治工作，对职业病防治设备进行定期检查、维护、保养和检测，保持正常运转，并按规定发给员工个人卫生防护用品；不得安排有职业禁忌症的员工从事职业病危害的作业，建立健全员工职业卫生健康管理档案。

3.4 公司所有员工在生产劳动过程中，应严格遵守职业病防治管理制度和职业安全卫生操作规程，并享有职业病预防、治疗和康复的权利。

4. 管理工作要求

4.1　有毒有害作业的管理要求

4.1.1　综合职能部及各生产车间应对员工进行岗前职业病防治的宣传教育，每年要定期开展多种形式的职业卫生和职业病防治的培训工作。对从事有害作业的员工每年进行一次的职业健康检查，并及时将检查结果告知员工本人。

4.1.2　各车间应在可能发生急性职业中毒和职业病的有害作业场所，配备医疗急救药品和急救设施。

4.1.3　各相关部门要严格管理危险化学品以及其他对人体有害的物品，并在醒目位置设置安全标志。

4.1.4　各相关部门应当主动采取综合防治的措施，采用先进技术、先进工艺、先进设备和无毒材料，控制、消除职业危害的发生，降低生产成本。

4.2 职业病报告程序

4.2.1 凡发现职业病患者或疑似职业病患者时，应当及时向综合职能部报告，当确诊为职业病的，由综合职能部及时向公司领导汇报，同时向所在地劳动保障部门报告。

4.2.2 职业病的诊断鉴定，由省级以上人民政府卫生行政部门批准的医疗卫生机构承担。

4.2.3 急性职业中毒和其他急性职业病诊治终结，疑有后遗症或者慢性职业病的，应当由职业病诊断鉴定组织予以确认。

4.2.4 当综合职能部接到职业病诊断鉴定组织的结论定为职业病后，填写职业病登记表，按国家有关规定进行职业病报告，建立员工职业病健康档案。

4.2.5 各相关部门应当及时通知本单位的疑似职业患者进行诊断；在疑似职业患者诊断或医学观察期间的费用，由公司承担。

5. 相关记录

5.1 AQBZH013-01 工作场所空气中粉尘浓度分析记录表

5.2 AQBZH013-02 工作场所空气中毒物浓度分析记录表

5.3 AQBZH013-03 工作场所噪声个体测量记录表

5.4 AQBZH013-04 工作场所高温测量记录表

5.5 AQBZH013-05 职业病危害因素检测结果公告栏

5.6 AQBZH013-06 职业危害作业点登记台账

5.7 AQBZH013-07 有毒有害作业工人健康检查记录

5.8 AQBZH013-08 职业病危害告知卡

5.9 AQBZH013-09 职业病危害因素告知书

附件一

AQBZH013-06 职业危害作业点登记台账

职业危害所在单位、地点			
危害名称	有/无	采取方法	效果
粉尘			
噪声与振动			
有毒有害气体			
高温与低温			
辐射			
潮湿			
照度不良			
其他			
备注			

编制：　　　　年　月　日　　　　审核：　　　　年　月　日

附件二

AQBZH013-09 职业病危害因素告知书

甲方：

乙方：　　　　　　　　　　　乙方工作部门：　　　　　　　　　　乙方工作岗位：

一、依据《中华人民共和国职业病防治法》和有关法律、法规，根据公司《职业病危害因素告知书》中的相关规定，甲方将乙方工作环境中的职业病危害因素告知如下：

1. ____；

2. ____；

3. ____；

4. ____。

二、乙方在工作岗位上需采取的防护措施及使用的防护设备及装置如下：

1. 防尘、防毒用品

□防毒面具　　□其他防尘、防毒用品

2. 防酸用品

□防护面罩　　□耐酸手套　　□耐酸靴　　□防护皮裙　　□其他防酸用品

3. 防噪声用品

□耳塞　　□口罩　　□其他防噪声用品

4. 加工防护用品

□护目镜　　□头盔　　□防砸鞋　　□耐高温手套　　□其他加工防护用品

5. 绝缘防护用品

□绝缘手套　　□绝缘鞋　　□其他绝缘防护用品

6. 其他相关防护装置及用品：____

____

三、乙方在甲方工作期间，如遇到生产安全事故，按照公司相关生产安全管理规定及应急救援预案的要求执行。

甲方法定代表人

委托代理人签字(或盖章)：　　　　　　　　　　乙方(职工)签字：

　　年　　月　　日　　　　　　　　　　　　　年　　月　　日

《危险作业管理制度》

1. 目的

对公司紧急特殊需要的生产任务,不适用于执行一般性的安全操作规程,安全可靠性差,容易发生人身伤亡或设备损坏,事故后果严重,需要采取特别控制措施的特殊危险作业的,必须采取特殊审批和保护措施,确保安全生产。

2. 危险作业管理范围

2.1 高空作业(高度在 2 m 以上,并有可能发生坠落的作业);

2.2 在易燃易爆部位的动火作业;

2.3 爆炸或有爆炸危险的作业;

2.4 起吊安装大重型设备的作业;

2.5 带电作业;

2.6 有急性中毒或窒息危险的作业;

2.7 处理化学毒品、易燃易爆物品、放射性物质的作业;

2.8 在轻质屋面(石棉瓦、玻璃瓦、木屑板等)上的作业;

2.9 其他危险作业。

3. 责任部门

3.1 生产管理部负责公司内各项危险作业安全管理的监督执行。

3.2 各职能部门、车间协助生产管理监督各项危险作业中的安全工作。认真贯彻执行本制度,保障各项危险作业的安全实施。

3.3 动火点所在部门负责交清检修设备存在的安全危害,指定监火人;并负责二级动火作业的审批。

3.4 动火作业执行单位负责办理《动火作业申请》,并严格按规定进行动火作业。

3.5 生产管理部负责一级动火的审批;负责公司动火作业安全技术检查。

3.6 公司主管副总负责公司特殊危险动火作业的审批。

3.7 公司值班经理负责公司夜间特殊危险动火作业的审批。

3.8 生产管理部是临时用电安全的归口管理部门,负责审核施工单位申办临时用电相关手续。

3.9 各车间负责各自责任区域内施工临时用电的现场安全管理。

4. 安全管理工作要求

4.1 危险作业审批

4.1.1 凡属于上述 8 种范围,在生产中不常见,又急需解决的危险作业。在进行危险作业前,应由下达任务部门和具体执行部门(包括承包部门、个人)共同填写"危险作业申请单",报企业生产管理部批准,特别危险作业需报主管副总经理审批同意后,方可开始作业。

4.1.2 如情况特别紧急来不及办理审批手续时,实施单位必须经主管副总经理同意方可施工。主管副总经理应召集有关部门在现场共同审定安全防范措施和落实实施单位的现场指挥人。但事后必须补办审批手续。

4.1.3 危险作业的单位应制定危险作业安全技术措施,报请生产管理部审批;特别危险作业须经安全技术论证报请主管副总经理批准。

4.1.4 作业人员由危险作业单位领导指定,有作业禁忌症人员、生理缺陷、劳动纪律差、喝酒及有不良心理状态等人员，不准直接从事危险作业。

4.2　危险作业的实施

4.2.1　危险作业申请批准后，必须由执行单位领导下达危险作业指令。操作者有权拒绝没有正式作业指令的危险作业。

4.2.2　作业前，单位领导或危险作业负责人应根据作业内容和可能发生的事故，有针对性地对全体危险作业人员进行安全教育，落实安全措施。

4.2.3　危险作业使用的设备、设施必须符合国家安全标准和规定，危险作业所使用的工具、原材料和劳动保护用品必须符合国家安全标准和规定。做到配备齐全、使用合理、安全可靠。

4.2.4　危险作业现场必须符合安全生产现场管理要求。作业现场内应整洁，道路畅通，应有明显的警示标志。

4.2.5　危险作业过程中实施单位负责人应指定一名工作认真负责、责任心强，有安全意识和丰富实践经验的人作为安全负责人，负责现场的安全监督检查。

4.2.6　危险作业单位领导和作业负责人应对现场进行监督检查。

4.2.7　对违章指挥，作业人员有权拒绝作业。作业人员违章作业时安全员或安全负责人有权停止作业。

4.2.8　危险作业完工后，应对现场进行清理。

5. 相关记录

5.1　AQBZH004-01 危险作业申请单

5.2　AQBZH004-02 动火作业安全许可证

5.3　AQBZH004-03 进入受限空间作业票

附件一

AQBZH004-02 动火作业安全许可证

申请动火时间				申请人	
施工作业单位					
动火装置、设施部位					
作业内容					
动火人		特种作业类别		证件号	
动火人		特种作业类别		证件号	
动火人		特种作业类别		证件号	
动火监护人		工种	相关单位动火监护人		工种
动火时间	年　月　日　时　分至　年　月　日　时　分				

动火分析结果	采样检测时间	采样点	可燃气体含量	有毒气体含量	分析工签名
			%		

序号	动火主要安全措施	选项	确认人
1	动火设备内部构件清理干净，蒸汽吹扫或水洗合格，达到动火条件		
2	断开与动火设备相连的所有管线，加好符合要求的盲板（　）块		
3	动火点周围（最小半径15米）的下水井、地漏、地沟、电缆沟等已清除易燃物，并已采取覆盖、铺砂、水封等手段进行隔离		
4	罐区内动火点同一围堰内和防火间距以内的油罐不得进行脱水作业		
5	清除动火点周围易燃物、可燃物（应注意清理距用火点30米内的可燃粉尘、硫黄粉、铝粉、镁粉、锌粉等能导致粉尘爆炸的粉尘，防止粉尘飞扬和聚集）		
6	距动火点30米内严禁排放各类可燃气体，15米内严禁排放各类可燃液体。动火点10米范围内及动火点下部区域严禁同时进行可燃溶剂清洗和喷漆等作业		
7	高处作业应采取防火花飞溅措施		
8	电焊回路线应接在焊接件上，把线不得穿过下水井或与其他设备搭接		
9	乙炔瓶应直立放置，氧气瓶与乙炔气瓶间距不应小于5米，二者与动火点、明火或其他热源间距不应小于10米，并不得在烈日下曝晒		
10	现场配备蒸汽带（　）根，灭火器（　）个，铁锹（　）把，石棉布（　）块		
11	在受限空间内进行动火作业、临时用电作业时，不得同时进行刷漆、喷漆作业或使用可燃溶剂清洗等其他可能散发易燃气体、易燃液体的作业		
12	危害识别及其他补充措施		

动火车间意见：	相关单位意见：	生产部门意见：
设备部门意见： 签名：	安全管理部门意见： 签名：	厂领导审批意见： 签名：

完工验收	验收时间	年　月　日　时　分	作业单位	签名：	动火单位	签名：

附件二

AQBZH004-03 进入受限空间作业票

编号：

装置/单元名称			设备名称	
原有介质			主要危险因素	
作业单位			监护人	
作业内容				
作业人员				
作业时间	年　月　日　时　分至　年　月　日　时　分			

采样分析数据	采样时间	氧含量	可燃气体含量	有毒气体含量	分析工签名
		%	%		

序号	主要安全措施	选项	确认人
1	所有与受限空间有联系的阀门、管线加符合规定要求的盲板隔离，列出盲板清单，并落实拆装盲板责任人		
2	设备经过置换、吹扫、蒸煮		
3	设备打开通风孔进行自然通风，温度适宜人员作业；必要时采取强制通风或佩戴空气呼吸器，但设备内缺氧时，严禁用通氧气的方法补氧		
4	相关设备进行处理，带搅拌机的设备应切断电源，挂“禁止合闸”标志牌，设专人监护		
5	盛装过可燃有毒液体、气体的受限空间，应分析可燃、有毒有害气体含量		
6	检查受限空间内部，具备作业条件，受限空间作业期间，严禁同时进行各类与该设备有关的试车、试压或试验工作。在同一受限空间内不应进行交叉作业，如必要时，必须采取避免相互影响、伤害安全的措施		
7	作业人员清楚受限空间内存在的其他危害因素，如内部附件、集渣坑等		
8	检查受限空间进出口通道，不得有阻碍人员进出的障碍物		
9	使用的所有电气设备必须安装漏电保护器，漏电起跳电流不大于30毫安，并做到“一机一闸一保护”		
10	金属容器和潮湿、工作场地狭窄的受限空间作业照明电压不大于12 V；严禁将接线箱（板）带入容器内使用，在潮湿容器中，作业人员应站在绝缘板上，同时保证金属容器接地可靠		
11	原盛装过可燃液体、气体等介质，有挥发可能性的，应使用防爆电筒或电压不大于12 V的自备直流电源的安全行灯；作业人员应穿戴防静电服装，使用防爆工具。严禁携带手机等非防爆通讯工具和其他非防爆器材		
12	作业监护措施：消防器材（　　）、救生绳（　　）、气防设备（　　）、安全三角架（　　）		
13	发生有人中毒、窒息的紧急情况，抢救人员必须佩戴隔离式防护面具进行设备抢救，并至少有一人在外部做好联络、监护工作		
危害识别及其他补充安全措施：			

施工作业单位意见： 签名：	车间（工段）意见： 签名：	安全管理部门意见： 签名：	厂领导审批意见： 签名：

完工验收	验收时间	年　月　日　时　分	作业单位	签名：	生产单位	签名：

《安全生产检查制度》

1. 目的

1.1　为贯彻落实国家有关安全技术标准和规程，认真检查并及时发现和消除设备设施、作业环境、人员操作等方面的隐患，从而避免工伤事故的发生，保护职工的健康、安全，特制定本制度。

1.2　本制度规定了安全生产检查的项目、内容、时间、方法、隐患整改、责任分工及要求。

2. 适用范围

本制度适用于公司内各部门。

3. 责任部门

3.1　公司综合职能部是组织实施安全检查的主管部门。

3.2　公司及各职能部门对车间、班组检查工作时，必须将安全生产列入重点检查范围。

3.3　公司安全生产委员会负责组织对公司的各综合、专项、例行检查等。

3.4　各车间及相关部门，负责对本单位安全隐患的日常检查并组织群众性的安全自查活动。

4. 管理要素

4.1　管理总则

4.1.1　安全生产检查依据“分级管理、分线负责”的原则实施。

4.1.2　安全生产检查的方式一般按检查的目的、要求、阶段、对象不同，分为日常检查、专项检查、例行检查和综合检查四种。

4.1.3　日常检查是指安全员和车间、班组管理者、员工对安全生产的日查、周查和月查。主要包括：巡逻检查、岗位检查、相互检查和重点检查。

4.1.4　专项检查是根据企业特点，综合职能部组织有关专业技术人员和管理人员，有计划、有重点地对某项专业范围的设备、操作、管理进行检查。

4.1.5　例行检查是指节假日由公司或综合职能部组织的各项安全检查。

4.1.6　综合检查是指公司或综合职能部组织的，按规定日程和规定的周期进行的全面安全检查。主要包括：安全生产大检查、行业检查和企业内定期检查。

4.2　日常性安全检查要求

4.2.1　检查范围

• 设备设施、工艺装备、厂房建筑、作业环境，以及违章指挥、违章作业情况。

• 危险源：按照危险源识别和评价划定“重要”和“一般”两级危险源。

4.2.2　管理要求

• 操作者每天上班前和工作结束后应对本岗位的设备设施、工艺装备和作业环境进行检查。

• 班组长或班组安全员每天对本班组内的设备设施、工艺装备和作业环境进行日常检查，填写日常检查记录。还应利用班前会、班后会及安全活动日等多种形式，发动群众进行互相检查。发现违章、隐患应及时予以制止或消除，解决不了要向上级报告。

• 工段长或车间安全员每天对本车间内设备设施、工艺装备和作业环境进行日常检查，填写日常检查记录。发现违章、隐患应及时予以制止或消除，解决不了的要向上级报告。

• 危险源检查：班组每周一次，车间每月一次，生产管理部每季一次。各级均要认真填写危险源检查表。

4.3 专项检查要求

4.3.1 检查时间

• 专项检查分为考评自查和专项检查，考评自查是以车间为单位，按照《北京市昌平区安全生产标准化考核评级标准》进行自查；专项检查由综合职能部组织，针对企业状况，对全厂设备设施、作业环境进行专门检查。

• 考评自查每季度进行一次，一、二、三季度由各车间组织，自查结束后，填写自查报告报综合职能部。综合职能部对各单位、各部门的检查情况进行监督检查，主要是"三查"，即：查自评资料、查整改现场、查设备状况。四季度由综合职能部组织，相关职能部门参加，按《考评办法》中规定的程序执行。

• 专项检查每季度开展一次，突出一项专业或一项综合工作。专项检查的内容按照年度安全生产检查计划执行，特殊情况报主管生产安全的副经理审批后执行。

• 考评自查的时间为每季度末的最后一周内进行；专项检查的时间为2、5、8、10月的最后一周内进行。

4.3.2 管理要求

• 专项检查应由综合职能部组织编制《安全检查表》，按照表列项目进行检查，检查前，要组织检查人员学习检查表内容。

• 专项检查中发现违章、隐患应及时予以制止或消除，不能立即整改的由检查组下达整改通知单。

检查结束后，由综合职能部收集检查中的各种资料，编写检查报告，报主管生产安全的常务副总经理，同时通报企业所有单位，按规定实施考核。

4.4 例行检查要求

4.4.1 检查时间

• 各部门应于每年"元旦"、"五一"、"十一"前一周结束自查。

• 综合职能部在上述单位自查结束后对各单位进行复查或抽查。

4.4.2 检查内容

• 查思想：查各级领导、群众对安全生产的认识是否正确，安全责任心是不是很强，有无忽视安全的思想和行为。即查全体员工的安全意识和安全生产素质。

• 查制度：检查企业安全生产规章制度在生产活动中是否得到了贯彻执行，有无违章作业和违章指挥现象。

• 查纪律：查劳动纪律的执行情况，查安全生产责任制的落实情况。

• 查领导：检查企业安全生产管理情况。

• 查隐患：设备设施、工艺装备、厂房建筑、作业环境等的隐患和整改措施的落实情况。

4.4.3 检查方法及要求

• 各部门要充分发动群众，认真开展车间和班组群众性自查和整改，并将检查情况逐级上报。

• 各部门要在群众自查的基础上，组织相关部门的人员，按分管项目认真进行重点检查，并组织落实整改。

• 各部门自查及整改结果，于自查后一周内上报安全管理部。

• 各职能部门应对各部门自查、整改情况进行复查，并落实查出隐患的整改。

• 安委会对各部门的检查、整改情况进行监督、检查，对重大隐患及时协调整改。

4.5　综合检查要求

4.5.1　检查时间

• 综合检查的内容按照年度安全生产检查计划执行。

• 综合检查由安全委员会或综合职能部组织相关职能部门参加。

4.5.2　检查内容

• 贯彻落实安全生产责任及安全管理制度的情况。

• 危险源、危险场所安全监控措施执行情况。

• 生产场所各类安全防护设施的完好情况。如：防尘、防毒、防噪声等职业卫生防护设施；平台的护栏等安全防护设施。

• 机器设备的防护装置是否定时维护、保养情况。

• 现场的文明生产情况和环境条件。如生产现场的清洁，工具和器具的定置摆放，通风、照明、安全通道、安全出口等。

• 对特种作业人员的安全检查。包括持证上岗和遵守操作规程情况。

• 特种设备的安全检查。包括：锅炉、压力容器（包括气瓶）、压力管道、电梯、起重机械、客运索道、大型娱乐设施等。

• 安全防护设施的运行情况。

• 各单位组织机构、安全例会、责任制考核情况。

• 消防、基建、用电、仓库等专项检查情况。

• 隐患整改情况。

• 员工执行安全技术操作规程情况。

• 劳动防护用品的发放和使用情况。

• 其他有关安全生产的工作。

4.6　隐患整改要求

4.6.1　对查出的隐患，各车间、各职能部门应下达整改指令，限期整改，并建立台账。

4.6.2　各单位对各种安全检查查出的隐患，原则上必须立即安排整改，按“三定四不推”（定整改措施、定完成时间、定整改负责人。个人不推到班组、班组不推到车间、车间不推到公司、公司不推到上级主管部门。）原则整改到位；对一些较大和整改有难度的隐患要及时列入计划整改项目，明确责任单位、责任人和整改时间进度，并及时上报有关责任部门，以便指导、帮助、协调解决，确保设备设施安全。

4.6.3　综合职能部对于因物质技术条件的限制，暂时无力解决的隐患，除采取可靠的临时措施外，应列入安措计划进行解决。

4.6.4　隐患整改完成后，由隐患整改通知单的下发单位（人员）进行验证，签署意见后归档。

4.7　安全检查表的编制

4.7.1　编制安全检查表的依据。

4.7.2　有关规程、规范、规定、标准与手册。

4.7.3　本单位的经验。

4.7.4 编制安全检查表的程序与方法

• 系统的功能分解:按系统工程观点将系统进行功能分解,建立功能结构图,通过各构成要素的不安全状态的有机组合求得总系统的检查表。

• 人、机、物、管理和环境因素分析:以检查目的为研究对象,从安全观点出发,从"人——机——物——管理——环境"系统出发,编写检查要点。

4.7.5 编制安全检查表应注意的问题

• 编制"安全检查表"的过程,实质是理论知识、实践经验系统化的过程,为此,应组织技术人员、管理人员、操作人员和安技人员深入现场共同编制。

• 按隐患要求列出的检查项目应齐全、具体、明确,突出重点,抓住要害。

• 避免重复,尽可能将同类性质的问题列在一起,系统地列出问题或状态。另外应规定检查方法,并有合格标准。

• 各类检查表都有其适用对象,各有侧重,是不宜通用的。如专业检查表与日常检查表要加以区分,专业检查表应详细,而日常检查表则应简明扼要,突出重点。

• 危险性部位应详细检查,确保一切隐患在可能发生事故之前就被发现。

• 编制"安全检查表"应将安全系统工程中的事故性分析、事件性分析、危险性预先分析和可操作性研究等方法结合进行,把一些基本事件列入检查项目中。

5. 相关记录

AQBZH002-01 安全检查记录

附件

AQBZH002-01 安全检查记录

受检查单位		检查时间	
检查人员			
序号	检查部位或项目	检查结果	处理意见
受检查单位负责人签字		记录人	

3.3　设备设施的隐患排查治理

设备设施的隐患排查治理是安全生产标准化的重要组成部分。事故隐患存在于企业的生产制造、物流运输、设备维修等各个环节，依据安全系统的认识观点，事故隐患可归结为物的不安全状态、人的不安全行为和安全管理上的缺陷等三个方面。

设备设施、工具、原辅材料等物的状态是否安全是直接影响生产安全的重要前提和物质基础。设备设施的不安全状态构成生产中的客观事故隐患和风险。例如，机械设计不合理、未满足安全人机要求、计算错误、安全系数不够、对使用条件估计不足等；制造时工艺方法错误、安全装置缺损、缺乏必要的安全防护措施、运输中的野蛮作业、超过安全极限的作业条件或超过卫生标准的不良作业环境等，均会成为事故隐患的源头，导致系统安全功能降低甚至失效。

3.3.1　设备设施隐患排查治理的重点

1. 工艺设备、装置的危险、有害因素识别

(1)设备本身是否能满足工艺的要求：标准设备是否由具有生产资质的专业工厂所生产、制造；特种设备的设计、生产、安装、使用是否具有相应的资质或许可证。

(2)是否具备相应的安全附件或安全防护装置，如安全阀、压力表、温度计、液压计、阻火器、防爆阀等。

(3)是否具备指示性安全技术措施，如超限报警、故障报警、状态异常报警等。

(4)是否具备紧急停车的装置。

(5)是否具备检修时不能自动投入、不能自动反向运转的安全装置。

2. 专业设备的危险、有害因素识别

(1)化工设备的危险、有害因素识别：

①有足够的强度；

②密封安全可靠；

③安全保护装置必须配套；

④适用性强。

(2)机械加工设备的危险、有害因素识别，可以根据以下的标准、规程进行查对：

①《机械加工设备一般安全要求》；

②《磨削机械安全规程》；

③《剪切机械安全规程》；

④《起重机械安全规程》；

⑤《电机外壳防护等级》；

⑥《蒸汽锅炉安全技术监察规程》；

⑦《热水锅炉安全技术监察规定》；

⑧《特种设备质量监督与安全监察规定》。

3. 电气设备的危险、有害因素识别

电气设备的危险、有害因素识别应紧密结合工艺的要求和生产环境的状况来进行,一般可考虑从以下几方面进行识别。

(1)电气设备的工作环境是否属于爆炸和火灾危险环境,是否属于粉尘、潮湿或腐蚀环境。在这些环境中工作时,对电气设备的相应要求是否满足。

(2)电气设备是否具有国家指定机构的安全认证标志,特别是防爆电器的防爆等级。

(3)电气设备是否为国家颁布的淘汰产品。

(4)用电负荷等级对电力装置的要求。

(5)电气火花引燃源。

(6)触电保护、漏电保护、短路保护、过载保护、绝缘、电气隔离、屏护、电气安全距离等是否可靠。

(7)是否根据作业环境和条件选择安全电压,安全电压值和设施是否符合规定。

(8)防静电、防雷击等电气连接措施是否可靠。

(9)管理制度方面的完善程度。

(10)事故状态下的照明、消防、疏散用电及应急措施用电的可靠性。

(11)自动控制系统的可靠性,如不间断电源、冗余装置等。

4. 特种机械的危险、有害因素识别

(1)起重机械

有关机械设备的基本安全原理对于起重机械都适用,这些基本原理有:设备本身的制造质量应该良好,材料坚固,具有足够的强度而且没有明显的缺陷;所有设备都必须经过测试,并且进行例行检查,以保证其完整性;应使用正确设备。其主要的危险、有害因素如下。

①翻倒:由于基础不牢、超机械工作能力范围运行和运行时碰到障碍物等原因造成。

②超载:超过工作载荷、超过运行半径等。

③碰撞:与建筑物、电缆线或其他起重机相撞。

④基础损坏:设备置放在坑或下水道的上方,支撑架未能伸展,未能支撑于牢固的地面。

⑤操作失误:由于视界限制、技能培训不足等造成。

⑥负载失落:负载从吊轨或吊索上脱落。

(2)厂内机动车辆

厂内机动车辆应该制造良好、没有缺陷,载重量、容量及类型应与用途相适应。车辆所使用动力的类型应当是经过检查的,因为作业区域的性质可能决定了应当使用某一特定类型的车辆。在不通风的封闭空间内不宜使用内燃发动机的动力车辆,因为要排出有害气体。车辆应加强维护,以免重要部件(如刹车、方向盘及提升部件)发生故障。任何损坏均须报告并及时修复。操作员的头顶上方应有安全防护措施。应按制造者的要求来使用厂内机动车辆及其附属设备。其主要的危险、有害因素如下。

①翻倒:提升重物动作太快,超速驾驶,突然刹车,碰撞障碍物,在已有重物时使用前铲,在车辆前部有重载时下斜坡,横穿斜坡或在斜坡上转弯、卸载,在不合适的路面或支撑条件下运行等,都有可能发生翻车。

②超载:超过车辆的最大载荷。

③碰撞:与建筑物、管道、堆积物及其他车辆之间的碰撞。

④楼板缺陷:楼板不牢固或承载能力不够。在使用车辆时,应查明楼板的承重能力(地面层除外)。

⑤载物失落:如果设备不合适,会造成载荷从叉车上滑落的现象。

⑥爆炸及燃烧:电缆线短路、油管破裂、粉尘堆积或电池充电时产生氢气等情况下,都有可能导致爆炸及燃烧。运载车辆在运送可燃气体时,本身也有可能成为火源。

⑦乘员:在没有乘椅及相应设施时,不应载有乘员。

(3)传送设备

最常用的传送设备有胶带输送机、滚轴和齿轮传送装置,其主要的危险、有害因素如下。

①夹钳:肢体被夹入运动的装置中。

②擦伤:肢体与运动部件接触而被擦伤。

③卷入伤害:肢体绊卷到机器轮子、带子之中。

④撞击伤害:不正确的操作或者物料高空坠落造成的伤害。

5. 锅炉及压力容器的危险、有害因素识别

锅炉压力容器是广泛用于工业生产、公用事业和人民生活的承压设备,包括锅炉、压力容器、有机载热体炉和压力管道。我国政府将锅炉、压力容器、有机载热体炉和压力管道等定为特种设备,即在安全上有特殊要求的设备。为了确保特种设备的使用安全,国家对其设计、制造、安装和使用等各环节,实行国家劳动安全监察。

(1)锅炉和有机载热体炉

锅炉和有机载热体炉都是一种能量转换设备,其功能是用燃料燃烧(或其他方式)释放的热能加热给水或有机载热体,以获得规定参数和品质的蒸汽、热水或热油等。锅炉的分类方法较多,按用途可分为工业锅炉、电站锅炉、船舶锅炉、机车锅炉等;按出口工作压力的大小可分为低压锅炉、中压锅炉、高压锅炉、超高压锅炉、亚临界压力锅炉和超临界压力锅炉。

(2)压力容器

广义上的压力容器就是承受压力的密闭容器,因此广义上的压力容器包括压力锅、各类储罐、压缩机、航天器、核反应罐、锅炉和有机载热体炉等。但为了安全管理上的便利,往往对压力容器的范围加以界定。在《特种设备安全监察条例》(国务院令 373 号)中规定,最高工作压力大于或等于 0.1MPa,容积大于或等于 25L,且最高工作压力与容积的乘积不小于20 L·MPa的容器为压力容器。因此,狭义的压力容器不仅不包括压力很小、容积很小的容器,也不包括锅炉、有机载热体炉、核工业的一些特殊容器和军事上的一些特殊容器。压力容器的分类方法也很多,按设计压力的大小分为常压容器、低压容器、中压容器、高压容器和超高压容器;根据安全监察的需要分为第一类压力容器、第二类压力容器和第三类压力容器。

(3)压力管道

压力管道是在生产、生活中使用,用于输送介质,可能引起燃烧、爆炸或中毒等危险性较大的管道。压力管道的分类方法也较多,按设计压力的大小分为真空管道、低压管道、中压管道和高压管道,从安全监察的需要分为工业管道、公用管道和长输管道。

锅炉与压力容器的主要的危险、有害因素有：锅炉压力容器内具有一定温度的带压工作介质、承压元件的失效和安全保护装置失效三类(种)。由于安全防护装置失效或承压元件的失效，使锅炉压力容器内的工作介质失控，从而导致事故的发生。

常见的锅炉压力容器失效有泄漏和破裂爆炸。所谓泄漏是指工作介质从承压元件内向外漏出或其他物质由外部进入承压元件内部的现象。如果漏出的物质是易燃、易爆、有毒物质，不仅可能造成热(冷)伤害，还可能引发火灾、爆炸、中毒、腐蚀或环境污染。所谓破裂爆炸是承压元件出现裂缝、开裂或破碎现象。承压元件最常见的破裂形式有韧性破裂、脆性破裂、疲劳破裂、腐蚀破裂和蠕变破裂等。

6. 登高装置的危险、有害因素识别

主要的登高装置有：梯子、活梯、活动架，脚手架(通用的或塔式的)，吊笼、吊椅，升降工作平台，动力工作平台。其主要的危险、有害因素有：

①登高装置自身结构方面的设计缺陷；

②支撑基础下沉或毁坏；

③不恰当地选择了不够安全的作业方法；

④悬挂系统结构失效；

⑤因承载超重而使结构损坏；

⑥因安装、检查、维护不当而造成结构失效；

⑦因为不平衡造成的结构失效；

⑧所选设施的高度及臂长不能满足要求而超限使用；

⑨由于使用错误或者理解错误而造成的不稳；

⑩负载爬高；

⑪攀登方式不对或脚上穿着物不合适、不清洁造成跌落；

⑫未经批准使用或更改作业设备；

⑬与障碍物或建筑物碰撞；

⑭电动、液压系统失效；

⑮运动部件卡住。

下面选择几种装置说明危险、有害因素识别，其他有关装置的危险、有害因素识别可查阅相关的标准规定。

(1)梯子

①首先，考虑有没有更加稳定的其他代用方法，要考虑工作的性质及持续的时间，作业高度，如何才能达到这一高度，在作业高度上需要何种装备及材料，作业的角度及立脚的空间以及梯子的类型及结构；

②用肉眼检查梯子是否完好而且不滑；

③在高度不及 5 m 且需要用登高设备时，由一个人检查梯子顶部的防滑保障设施，由另一人检查梯子底部或腿的防滑设施；

④要保证由梯子登上作业平台时或者到达作业点时，其踏脚板与作业点的高度相同，而梯子应至少高过这一点 1 m，除非有另外的扶手；

⑤在每间隔 9 m 时，应设有一个可供休息的立足点；

⑥梯子正确的立足角,大致是75°(相当于水平及垂直长度的比例为1∶4);

⑦梯子竖框应当平衡,其上下两方的支撑应当合适;

⑧梯子应定期检查,除了在标志处外,不应喷漆;

⑨不能修复再使用的梯子应当销毁;

⑩金属的(或木头已湿的)梯子导电,不应当置于或者拿到靠近动力线的地方。

(2)通用脚手架

常用的脚手架有3种主要类型,其结构是由钢管或其他型材做成,这3种类型是:①独立扎起的脚手架,它是一个临时性的结构,与它所靠近的结构之间是独立的,如系于另一个结构也仅是为了增加其稳定性;②要依靠建筑物(通常是正在施工的建筑物)来提供结构支撑的脚手架;③鸟笼状的脚手架,它是一个独立的结构,空间较大,有一个单独的工作平台,通常是用于内部工作的。

安装及使用时主要的危险、有害因素有:

①设计的机构要能保证其承载能力;

②基础要能保证承担所加的载荷;

③脚手架结构元件的质量及保养情况良好;

④脚手架的安装是由有资格的人或者是在其主持下完成的,其安装与设计相一致、设计与要求的负载相一致,符合有关标准;

⑤所有的工作平台应铺设完整的地板,在平台的边缘应有扶手、防护网或者其他防止坠落的保护措施,防止人员或物料从平台上落下;

⑥提供合适的、安全的方法,使人员、物料等到达工作平台;

⑦所有置于工作平台上的物料应安全堆放,且不能超载;

⑧对于已完成的结构,未经允许不应改动;

⑨对结构要有检查,首次是在建好之后,然后是在适当的时间间隔内,通常是周检;检查的详情应有记录并予以保存。

(3)升降工作平台

一般来讲,此类设施由3部分组成。

①柱或塔:用来支持平台或箱体。

②平台:用来载人或设备。

③底盘:用来支持塔或者柱。

升降工作平台在安装及使用时主要的危险、有害因素有:

①未经培训的人员不得安装、使用或拆卸设备;

②要按照制造商的说明来检查、维护及保养设备;

③要有水平的、坚实的基础面,在有外支架时,在测试及使用前,外支架要伸开;

④只有经过认证的人员才能从事维修及调试工作;

⑤设备的安全工作载荷要清楚标明在操作人员容易看见的地方,不允许超载;

⑥仅当有足够空间时,才能启动升降索;

⑦作业平台四周应有防护栏,并提供适当的进出装置;

⑧只能因紧急情况而不是工作目的来使用应急系统;

⑨使用地面围栏,禁止未经批准人员进入作业区;

⑩要防止接触过顶动力线，为此要事先检查，并与其保持规定的距离。

3.3.2 隐患排查的方法

从人、物和管理等方面控制事故隐患，应采取现代和传统的安全管理相结合的方法，以危险性控制即危险预测预控为中心，以系统辨识、系统评价为主要手段，对安全管理信息全面收集、综合处理和及时反馈，快速反映生产现场的不安全状况，及时采取相对应的措施进行干预，使生产现场始终保持安全的工作状态。

1.“群查”与“点查”相结合

“群查”是指调动员工预防事故的积极性和能动性，同心协力查找生产工作中的事故隐患，它包括车间、班组内的自查互查、基层工会的监督检查等形式。“群查”的优点是把排查事故隐患的视线从身边逐步向远处延伸，既要做好自身岗位设备设施以及周边作业环境中事故隐患的排查，又要以此为基本依据，撒开“大网”，把平时那些司空见惯、习以为常的问题都网在其中，逐一排查，防止出现漏洞。

“点查”是采取抽样的方式、不定期的“突袭排查”，也可以针对容易形成重大事故隐患的重要部位组织专人进行排查。“点查”能够发现一些平时不容易暴露或预先检查中被“掩饰”的事故隐患，掌握其真实情况，有利于纠偏和事故隐患的治理；也可以突出重点，强化对重要部位的控制和防范。

“群查”与“点查”相结合的事故隐患排查方法，既可以扩大排查的面，又能突出排查中的重点。无论是“群查”还是“点查”，都应针对生产工艺和作业方式的实际，编制事故隐患排查标准，其基本内容为：排查时间、排查内容、执行人、信息交流和反馈的方式和程序等。

2.“循章排查”与“类比复查”相结合

“循章排查”是遵循法律、法规、标准、条例和操作规程等规定，排查生产过程中的事故隐患，凡不符合法规、标准规定的，都是事故隐患，都有可能出现事故或导致伤亡，必须立即制止，坚决纠正。“循章排查”能提高企业遵纪守法的自觉性，使排查内容“合规合法”。企业在实施过程时可参照《考评标准》中的考评条款进行排查，因为考评条款的设置依据了适用于机械制造企业的近二百部法律、法规和标准。

“类比复查”是借鉴事故案例，复查本单位有没有类似情况，确定事故隐患。企业应善于吸取其他单位的事故案例，将导致事故的原因“对号入座”，排查本单位是否存在这类情况，是否构成了事故隐患。同时，企业要“借题发挥”，要及时将事故案例当做一面镜子，衍射到安全生产的方方面面，反复进行排查。

“循章排查”和“类比复查”相结合的事故隐患排查方法，可以提高排查的科技含量和排查的合规性及针对性。

保持设备、设施的完好状态，是实现安全生产的前提。因此，要加强对设备运行时的监视、检查、定期维修保养等管理工作。经常进行安全分析，对发生过的事故或未遂事件、故障、异常工艺条件和操作失误等，应作详细记录和原因分析并找出改进措施。还应经常收集、分析国内外的有关案例，类比本企业建设项目的具体情况，加强教育，积极采取安全技术、管理等方面的有效措施，防止类似事故的发生。经常对主要设备故障处理方案进行修订，使之不断完善，对设备隐患主动排查，综合治理各类隐患，把事故消灭在萌芽状态。对设备设施隐患排查一般按以下途径进行。

(1)按设备寿命周期法排查

设备寿命，即设备实体存在的时间，指设备制造完成，经使用维修直至报废为止的时间。例如，辅机设备的轴承均有设计使用寿命，达到设计使用寿命就应更换，在轴承达到使用寿命前就应加强对设备的检查。在检修状态情况下，如果设备没有异常，可以延长设备部件的使用时间。延长轴承的使用时间、润滑油的使用时间、滤芯的使用次数等，虽节约了生产费用，但设备会存在潜在隐患，此时就应该将此设备列为隐患排查的重点对象。

(2)按设备一般缺陷统计分析法排查

设备缺陷记录了曾经构成设备故障的原因，对以往的缺陷记录进行统计分析，可查找出存在的设备隐患。首先编制设备一般缺陷统计分析表见表 3-2。

表 3-2　设备一般缺陷统计分析表

装置名称	设备名称	规格型号	缺陷内容	缺陷描述	原因分析	存在隐患	整改措施	发生时间

然后根据上表统计数据进行分析。

(1)对于仅发生过 1 次的缺陷，应分析其是否存在事故隐患，此类事故隐患分析需要工作人员有丰富的检修工作经验，面对首次发生的设备缺陷，知道应该进行哪些检查项目。

(2)发生过多次的缺陷，肯定存在事故隐患，对此要分析临时采取的整改措施能否确保设备安全，是否需采取更加可靠的整改措施。例如，某厂投运后 1 年时间里，2 台引风机轴承先后损坏更换，半年后新更换的轴承再次发生损坏，通过缺陷统计分析认为该风机轴承选型较小，更换轴承类型后 4 年时间没有再发生引风机轴承损坏。

(3)往年某一时段发生的缺陷，今年的同一时段是否还发生，夏季的高温缺陷、冬季的设备上冻缺陷等，整改措施是否到位。例如：某厂的循环水泵每到夏季轴承温度都易超温，该厂制定了增加通风道的整改措施，一举消除了这一设备隐患。

(4)发生过多次的缺陷，已采取整改措施，但仍然多次发生，说明设备仍然存在隐患，应继续提出新的整改措施。如某厂燃煤灰分远大于设计燃煤灰分，导致锅炉气力输灰系统灰斗高料位及电除尘故障，经过一些整改后，输灰出力有所提高，但仍不能满足生产需要。随后，经过 3 年的持续整改，终于使输灰出力可以满足高灰分的燃煤。

(5)对发生过的设备缺陷，要举一反三。在同类型设备中采取整改措施。例如：某厂送风机进口挡板因疲劳断裂，导致风机振动损坏。在更换该风机进口挡板后，紧接着对其他各台送风机的进口挡板进行检查和更换，彻底消除这一设备隐患。

3. 设备设计安装隐患排查

新建机组总会或多或少存在安装隐患，如设备选型欠妥、材料材质差错、质检合格缺项、膨胀和收缩受阻等。此类隐患如不能及时发现并消除，就会造成相应的运行故障，并且在机组投运几年后还会发生，因此，要坚持在设备检查中，特别是设备大小修中进行此类隐患排查。

4. 运行巡视中排查

巡视检查的一般方法有眼看、耳听、鼻嗅、手摸、仪器检测等，检查设备的温度、声音、振动、泄漏、参数变化，可以及时发现设备运行中出现的异常情况。

5. 维护中排查

在设备检修中，通过对设备的全面或部分解体可发现设备部件的异常变化，进而分析异常产生的原因。如某厂送风机轴承异音，解体检查发现轴承滚子有脱落掉块现象，润滑油底部沉积大量灰分铜屑，分析原因为灰分从轴承箱轴封处进入。含有灰分的空气被吸入送风机，送风机风箱轴封不严，轴承箱的轴封毛毡也长期没有更换，灰分进入轴承箱，污染润滑油造成轴承损坏。检修中采取相应措施消除了这一设备隐患，各台送风机的轴承再也没有因为润滑油进灰而损坏。

6. 大小修中排查

利用设备的大小修机会进行隐患排查，主要是对重大设备进行隐患排查，如锅炉四管的检查，因为这类隐患一旦发生就会造成机组的停运。这类排查要专业组织，专人负责，分工明确，检查项目清晰详细，避免流于形式。表3-3为某厂锅炉四管隐患排查问题及整改计划表。

表3-3 某厂锅炉四管隐患排查问题及整改计划

序号	项目	防范措施或整改计划	检查结果	整改措施
1	因磨损造成四管泄漏：低温再热器泄漏，旁路省煤器泄漏	对易磨损部分（烟气中灰分含量高部位）喷涂防磨层，检修时加强检查		
2	因设计安装造成泄漏：喷燃器处水冷壁泄漏，再热器烟气挡板处旁路省煤器受热面管子膨胀与相连部件膨胀不一致造成撕裂泄漏	停炉小修，大修时对该部位认真检查		
3	因烟气走廊造成局部磨损：隔墙省煤器管、低温再热器处后包覆弯管孔处等的局部磨损	对烟气走廊部位加强检查，对磨损部位进行防磨处理		
4	因管子碰伤造成的泄漏	加强冷灰斗区域水冷壁管检查		
5	因经常超温造成的泄漏	测量受热面管道胀粗		

该厂在未进行锅炉四管隐患排查活动前，每年多次因锅炉四管泄漏而被迫停炉，最多时1年时间里锅炉四管泄漏7次。进行锅炉四管隐患排查活动后，四管泄漏次数迅速下降，2009年全年为0次。

7. 设备点检中排查

设备点检是一种科学的设备隐患排查方法，点检中排查相比于运行值班人员的检查更为专业。点检由设备负责人和专业技术人员负责，同样是利用人的五感（视、听、嗅、味、触）和简单的工具仪器，但因检查是按照预先设定的方法、标准，定点、定周期进行的，所以能掌握故障的初期信息，便于及时采取对策将故障消灭于萌芽状态。

8. 安全大检查中排查

许多单位每年都进行1次或多次安全大检查，组织专业的技术人员重点对企业管理制度、软件设施、工作程序、设备和装置进行全面排查。另外，也可以发动全体员工开展对不同系统设备的隐患排查，从专业的角度发现设备存在的事故隐患。

3.3.3 隐患治理的程序

企业应严格按照规章制度规定和排查方案，组织隐患的排查。

(1)各专业依据设备隐患排查的途径制定具体的执行方案。

(2)各专业按系统、设备将责任落实到人，发现的设备隐患及采取的安全措施都要有详细记录，特种设备的隐患排查由专人负责。

(3)各专业对重大隐患，或一时难以解决的隐患，要及时采取必要的临时安全措施，并立即上报主管部门，所采取的临时安全措施一定要经过技术论证，确保在一定时间内安全可靠，在采取临时措施后应加强设备检查，以及时发现新出现的问题并采取新的临时措施，直至隐患彻底整改。

排查后应建立档案，并下达事故隐患整改通知单，组织整改。对于排查后所列的事故隐患应评定级别，进行分级管理。机械制造企业事故隐患级别评定可借鉴风险评价的原则，依据事故隐患导致事故的可能性、人员暴露其中的频繁程度以及发生事故后果的严重度，划分为四个等级。

①一级：轻微级。极少发生事故或事故后果较轻的。

②二级：临界级。容易发生事故或处于形成事故的边缘状态，暂时还不会造成系统损坏，但应予以治理和控制。

③三级：危险级。会造成人员伤亡和系统损坏，应限期治理和采取措施进行控制。

④四级：破坏级。会造成灾难性事故和较大面积的人员伤亡，必须立即停产治理。

上述事故隐患中，一、二级为一般事故隐患，三、四级为重大事故隐患。

企业按照职责分工组织相关部门进行事故隐患的治理，然后，由排查的组织单位或人员进行验证和效果评定。

执行过程中应注意以下几点：一是治理事故隐患要采取“综合治理”的方法，应从规范管理、标准操作、增加安全设施、通过设备技术改造提高本质安全性等方法，追求“办实事、求实效”；二是做好责任落实、资金落实、时间节点落实等工作，使消除和控制事故隐患落在实处；三是实施事故隐患整改的过程中应依靠科技进步与创新，提高企业生产、储存、运输等设备、设施、条件的科技含量和保安能力。

3.3.4 设备设施隐患排查治理示例

《国务院关于坚持科学发展安全发展促进安全生产形势持续稳定好转的意见》中明确要求：“充分运用科技和信息手段，建立健全安全生产隐患排查治理体系，强化监测监控、预报预警，及时发现和消除隐患。”下面介绍电气和燃爆热工两个部分的设备设施隐患排查治理示例。

1. 电气部分

详见表 3-4 至表 3-12。

表 3-4 变配电系统

(一)设置目的
在一个企业中,变配电系统,包括自有的发电设备,是企业的心脏。如果企业电力供应不正常,不仅使企业的生产活动不能正常运行,有时还会发生火灾、爆炸和人身伤害事故,甚至影响到上一级或更大范围供电的正常运行,所以将变配电站的安全状态列为一项重要的考评内容。
(二)考评范围
在工厂企业中,变配电系统一般多属于降压变电系统,降压变电又分为一次降压和二次降压两种,对一些用电负荷较大的企业,往往从供电系统以 35 千伏或 110 千伏供电,由 35 千伏或 110 千伏先降压为6～10 千伏,称为一次降压,再由 6～10 千伏降压为 0.38/0.22 千伏,称为二次降压,供给低压用电设备使用。也有一些企业以 35 千伏或 110 千伏直接降压为 0.38/0.22 千伏后供给用电设备使用的,则称为一次降压供电方式。
(三)考评内容
1. 变配电站环境 (1)变配电站与其他建筑物间有足够的消防通道 这一条主要是依据防火要求而设立的。考评时以一般消防车能通行(净高不低于 4 m,净宽不小于 3 m为合格)为准。有通道但因堆放产品、材料等而使消防车可能受阻的为不合格。 (2)与爆炸危险场所、有腐蚀性场所有足够间距 这一条款主要是为了能有效地避免外界爆炸危险和腐蚀性因素对变配电站的波及,在考评时这样要求:与在正常时可能出现爆炸性气体混合物的建筑物间距不应小于 15 m,与正常时不可能出现爆炸性气体混合物的建筑物间距不小于 7.5 m,与腐蚀性场所位置应在主导风上风向,间距不小于 30 m,否则为不合格。 (3)站内地势不应低洼,防止雨后积水 这一条款是为防止电缆、电器遭水浸或受潮以致降低其绝缘性能,甚至击穿而设立的。考评时现场无漏雨、无积水痕迹或能可靠排水的设备、设施,只要能可靠防止积水,即可视为合格。 (4)应设有 100%变压器油量的贮油池或排油设施 这一条款主要考虑变压器邮箱一旦破裂、击穿甚至发生火灾时,防止变压器油的流溢导致扩大事故而设置的,考评时按以下原则: ①车间内安装油量≥600 公斤的变压器,应设贮油池,池内应铺设卵石; ②变压器设在建筑物二层或以上,以及变压器下方有地下室时,应设挡油或排油措施; ③露天或半露天的变压器,油量≥1000 公斤时,应设挡油设施。 (5)变配电站门的开向符合要求 变配电站门的开向有三个要求:一是对整个变电所(室)门应向外开;二是高低压电室之间门应向低压侧开;三是相邻配电室间门应双向开。 (6)开启的门窗及孔洞应装设小于 10 mm×10 mm 的金属网 这一条款主要是为防止小动物窜入变配电室内导致短路或啃咬绝缘层而设立的。考评时主要查看所有通向变配电所外的可开启的门、窗及通风机和自然通风孔、洞,均应设置网孔小于 10 mm×10 mm 的金属网。 (7)多层建筑物内可燃油电气设备变电所应设置在底层,高层建筑物内不宜装设可燃油电气设备变电所

续表

2. 变压器和发电机

(1)油标油位指示清晰,油色透明无杂质,变压器油有定期绝缘测试报告,且不漏油

变压器内油起着绝缘和导热的双重作用。对此考评时要从两方面进行检查,一是查阅变压器技术档案中加油、换油记录和相应油质绝缘测试报告及化验单。油质绝缘测试结果应符合有关标准规定。二是现场查看实际油位和油枕上相应的油温、油位是否吻合,油的颜色是否由浅黄变深或变黑,以及油箱有无漏油。任一处不合要求则本项不合格。

(2)油温指示清晰,油温低于85℃,冷却设备完好,发电机工作温度符合要求

考评时现场查看必须有温度指示设施,其次是油温必须要低于85℃。对于工厂自有的柴油发电机,其定子温度不得超过75℃,转子温度不得超过80℃。考评时任一款不符合要求则视为不合格。

(3)绝缘和接地故障保护完好可靠,有定期测试资料

这一项考评时要查证变压器预防性试验报告和接地电阻测试报告,对接地还要在现场试其连接的可靠情况(包括足够的机械强度和导电能力,以及对热、腐蚀和意外的防护措施),这些要求的具体数值应符合当地电管部门安全运行规范的要求。

(4)瓷瓶、套管清洁,无裂纹或放电痕迹,瓷瓶、套管都是保障变压器和发电机带电体和不带电体机械连接的高阻绝缘元件

(5)变压器、发电机运行过程中内部无异常响声或放电声

变压器、发电机正常运行时会有均匀轻微的"嗡嗡"声,当其发生"吱吱"、"噼啪"或其他不均匀的强烈噪声时,说明变压器内存在着过负荷,接触不良、系统短路或接地、磁铁谐振等不正常状态。

(6)应有符合规定的警示标志或遮拦

变压器或车间内及露天变压器安装地点附近,都应设置标明变压器编号或名称、电压等级的标牌,并挂有国家电力统一标准的、明显醒目的警示标志。

加设遮拦、护板、箱闸。其安全距离应符合有关标准的规定和要求。遮拦高度不低于1.7 m,固定遮拦网孔不应大于40 mm×40 mm,对于移动遮拦,应选用非金属材料,其安全距离不变。

当高压母线排距地面高度只有1.8 m,应加遮拦不准通行或装设保护隔离。

3. 高低压配电间、电容器间控制装置

(1)所有瓷瓶、套管、绝缘子应清洁无裂痕。

这一条款最容易受到忽视,由于这些绝缘件在运行时不可能去擦拭,停止运行时又往往被忽略,这样就会造成脏污或裂纹、破损等缺陷被漏检,长期下去就会产生放电、闪络等现象。

(2)所有母线应整齐清洁,接点接触良好,母线温度变化应低于70℃,相序标志明显,连接可靠。

在电气系统中,母线是输送电力的通道。考评时查看母线连接处是否有漆色变焦现象,或示温片异常,当发现漆层变焦、示温片异常或连接处有熔融现象,则认定为不合格。

(3)各类电缆及高压架空线路符合安装规程,电缆头外表面清洁无漏油,接地可靠(此条是指高压配电站至变压器间的高压线路)。

这一条首先要求敷设规范,电缆排列整齐,无机械损伤,标志牌正确、清晰,固定可靠,间距符合规定。其次是电缆头应无漏油现象,现场考评时电缆头上无积尘、无漏油为合格。

(4)断路器应为国家许可生产厂的产品,有定期维修检测记录,漏油开关油位正常,油品透明无杂质,无漏油、渗油现象。

断路器是变配电设备中最关键的部件,它担负着正常运行中接通、分断电力和在异常状态下(如欠电压、过流,设置短路事故)自动切断电力的重任,断路器按灭弧介质原理一般有以下六种:

①空气断路器。利用压缩空气起到灭弧和增强绝缘的作用,并在分、合闸操作中作为驱动动力。

续表

②多油断路器。利用油起到灭弧和绝缘两种作用，这种断路器箱内充油较多，一般多用于35 kV系统中和10 kV系统中频繁分合闸的生产设备上。

③少油断路器。油介质主要起灭弧作用，充油较少，整个油箱带电，对地绝缘由瓷瓶座承担，在工厂企业中广泛采用，但由于在分合操作中燃弧高温，可能使触头、触指烧伤，必须定期进行维修，另一方面所充变压器油从质和量上都有较高的要求。

④真空断路器。触头密封在真空的灭弧室内，利用真空的高绝缘性能灭弧，触头不易被氧化，寿命长，触头行程短，断路器体积可以小很多。

⑤六氟化硫断路器。采用惰性气体六氟化硫来灭弧，并利用它很高的绝缘性能来增强触头的绝缘，其特点是断流容量大而体积小，可以与其他设备一起，制成封闭式全绝缘组合电器。

⑥磁吹断流器。利用在断路时本身流过的大电流产生的磁力，将电弧迅速拉长而吸入灭弧室内冷却熄灭，此种设备目前没有广泛使用。

对断路器的考评，除现场查看其型号、规格、生产厂以及断路器的油位、油色和渗漏现象外，重要的要查看其定期维修检测记录，凡发现仍使用仿苏SN1、SN2等系列断路器，或不能提供技术档案和定期检测资料，以及油断路器现场发现油位过高、过低以及有漏油、渗油、油色深、油内出现碳质等情况，该断路器认定为不合格。

(5)操动机构应为国家许可生产厂的合格产品，有定期维修检测记录，操纵灵活、连锁可靠、脱扣保护合理、双电源供电或自有发电必须加装连锁装置

操纵机构是操动高压断路器的动力部件，它的性能直接影响着高压断路器的安全运行。许多重大事故分析表明，高压断路器“拒分”、“拒合”以及分合速度达不到要求，大多是由于操动机构故障或性能不佳造成的，所以它必须是国家许可生产厂的合格产品，并且要定期进行预防性试验。

操动机构按其储能方式操纵动力不同，可分为五种。

①手动操动机构。直接用手操动机构进行分、合闸，过去曾广泛用于10 kV及以下设备上，但由于其分、合速度，分、合力度都极不稳定，现多已淘汰。

②电磁操动机构。利用直流电源操动机构进行分合闸。经广泛使用于10 kV及以下设备上；重要的是要保障其直流电源可靠接地、不间断地提供。

③弹簧储能式操动机构。它可以手动，亦可以利用交、直流电机为动力，使合闸弹簧储能后进行合闸操作，而在合闸的同时又使分闸弹簧储能，进行分闸操作。它广泛用于10 kV设备上。

④气动式操动机构。利用压缩空气为动力，操作断路器机构进行分、合闸。它多用于110 kV及以上的设备中。

⑤液压式操动机构。利用氮气储能和压缩油相配合后产生的高压动力来驱动操动机构进行合分闸。它多用于220 kV及以上的设备中。

考评时，对仍使用各种手力操动机构以及仿苏CD2型操动机构，或电力部门进行预防试验认为有缺陷的操动机构，均视为不合格，对提供不出定期检测资料的亦视为不合格。

(6)所有空气开关灭弧罩应完整、触头平整

考评时凡发现一处缺灭弧罩或触头结疤而未及时修复，本条款认定为不合格(有的空气开关原设计就无灭弧罩的除外)。

(7)电力电容器外壳无膨胀，温升符合要求，无漏油现象

不论是高压电容补偿或是低压电容补偿，最大的安全问题是渗漏油、外壳膨胀和温升过高。

考评时，凡发现一处电容外壳膨胀、漏油或温升异常，则认定为本项不合格。

续表

(8)接地可靠,并有定期测试记录 对每一个变电所必须有一个完整的接地系统,以保证供电系统的安全运行,一方面变电所要有一个总的接地,其接地电阻应满足不同用途、不同电压等级的电器设备的接地电阻要求;另一方面是变配电室各种电力设备、设施所有应接地部分,都必须与接地体可靠连接。这一条款考评时除现场检查外,需以电力部门定期检测报告的结论来认定其是否合格。 (9)各种安全用具应完好可靠,有定期检查资料 这一条款除现场查看其完好状态和存放是否合理(防潮、防碰伤)外,主要是查看定期检测资料。

表 3-5 低压电气线路(固定线路)

(一)设置目的
低压电气线路是企业电能传输的通道,网络着企业所有供、用电系统。它线路多,敷设方式复杂、分布面广,存在环境恶劣(风吹、日晒、雨淋、腐蚀、撞击)的风险,它不属电管部门管理,又容易被企业忽视,是安全管理失控的薄弱环节。
(二)考评范围
企业内所有非临时架设的,由低压配电室或低压开关出线端至用电场所的动力箱、照明箱、柜、板进线端之间的电气线路,都是本项考评范围。 考评时,按厂电气系统的技术资料,了解低压线路的类型、敷设方式、分布状况和数量,以低压线路总开关控制的系统线路为计量数(即 10 kV 变为 380 V/220 V 后由配电所引出的低压线路数)。
(三)考评内容
1. 线路的安全距离符合要求 (1)绝缘导线架空敷设时应符合要求; (2)绝缘导线穿管敷设时,导线总面积应小于管孔截面积的 40%; (3)裸导线在室内不可与起重机滑线同侧; (4)无铠装电缆室内照明设备安全距离应符合要求; (5)所有导线不应跨越易燃材料做成的建筑物。 2. 线路的导电性能和机械强度符合要求 (1)从变压器低压侧至受电端电压损失,应不超过设备额定电压的 5%; (2)PE 线最小截面 S1 应符合要求,当相线与 PE 线材质相同时: 当 S≤16 时,S1=S(S 为相线截面积,S1 为 PE 线截面积); 16<S≤35 时,S1=16;S>35 时,S1=S2。 3. 线路的保护装置齐全可靠 (1)对每一分支线路都应装有满足线路通断能力的开关、短路保护、过负荷保护和接地保护。保护电器应装在操作维护方便、不易受机械损伤、不靠近可燃物的地方,并应采用便面保护电器运行时意外损坏对周围人员造成伤害的措施。 (2)线路穿墙、楼板或埋入地下均应采用穿管或其他措施,穿金属管时管口应装绝缘护套;室外埋设,上面应有保护层,电缆沟应有防火和排水设施。 4. 线路绝缘屏护完好,无发热和漏油现象 线路应无明显的机械损伤和绝缘破坏、裸导体与人接触的地方应有屏护和警示措施,电缆应无漏油、渗油现象,线路绝缘层应无过热变质现象。

续表

5. 电杆直立、拉线、横担、瓷瓶及金属构架符合安全要求 (1)电杆基础应牢固,杆体完好无露筋、裂缝腐朽等缺陷,其倾斜度不应使杆梢位移大于半个杆梢,终端杆拉线倾斜不得大于一个杆梢。 (2)拉线与电杆夹角不应小于30°,并与线路受力方向对正,混凝土电杆拉线如需从导线间穿过时,拉线应设绝缘子。 (3)横担应平整,直线杆横担应在受电侧,转角杆和终端杆应在拉线侧。 (4)瓷件及绝缘套、垫应完整无裂纹或破损,金属件固定牢固。 6. 线路相序、颜色正确、标志齐全、清晰 (1)相序排列,上下布线交流A、N、B、C,直流正、负;水平排列时,面对负荷由左向右,交流A、N、B、C,直流为正、负。 (2)线路相色,交流为A相为黄色、N线黑色、B相绿色、C相红色;正极为赭色,负极蓝色。 (3)地下线路应有清晰的坐标或地上标志,以及档案资料。 7. 线路排列整齐,无影响线路安全的障碍物 线路相间排列以及不同电压等级线路同杆、同侧敷设时,排列应整齐有序,相互间符合安全要求,线路周围无树枝或其他障碍物。同杆架设的电力线路其最小允许距离为: ①高压与低压,直线杆0.8 m;分支、转角杆距上横担0.45 m,距下横担0.6 m。 ②高压与低压,直线杆1.2 m;分支、转角杆距上横担1 m。 ③低压与低压,直线杆0.6 m,分支、转角杆0.3 m;低压与弱电1.5 m。 ④电缆沟及直埋电缆上地面无垃圾或堆积物。

表3-6 低压电气线路(临时线路)

(一)设置目的
在工厂企业中,一些设备临时用电或一些线路损坏,需及时接上临时电源,以致经常会拉接一些临时线路,这些线路无正式设计,也无专管人员检验,实际多为车间维修人员自主架设,其使用时间、环境特点又很复杂不定,以至造成这类线路的架设、维护、安全保护往往处于失控状态,有些本应正规架设的线路,因时限紧张或工作安排繁忙而临时敷设,原拟事后再重新敷设,但往往被丢之脑后,致使这些线路永远处于不规范状态。
(二)考评范围
本项范围是在工厂管辖范围内建筑工程、设备维修及产品试验等的临时线路和本应为正式安装线路但未按规范安装的线路以及年久失修有明显隐患的线路。
(三)考评内容
1. 要有完备的临时接线装置审批手续,不超期使用 (1)临时线路使用期限一般场所为15天。对电气工作人员校验电器设备或临时检修的电气线路,以及利用插头接电源的移动式机电设备,使用期不超过一个工作日,且工作完毕即拆除的线路可不办理审批手续,基建工程的临时线路其使用期可按施工期审批。 (2)所谓完备的审批手续,首先是申请项目应符合临时接线规定,例如高压电源是不准架设临时线的,如不符合规定,即使通过审批也应认为不合格。其次是申请审批手续必须完整,包括装设地点、用电容量、负责人以及审批部门的批准意见、准用期限等,如不完整的认定不合格。

续表

(3)凡发现工厂有本应正规安装但不符合规范要求的线路，不论是否在抽样范围内，即认定为一个不合格点，抽样总数应增大。 2. 使用绝缘良好，并与负荷匹配的护软线 临时线所处环境比正规线路恶劣得多，摩擦、潮湿、酸碱腐蚀甚至碾铰、碰撞都可能发生，所以除架空或沿墙敷设的可用塑套胶线以外，必须用橡套软线，如穿过通道时还应加设保护(穿钢管或槽钢)。所选用的线截面必须与负荷匹配。 3. 敷设必须符合安全要求。 临时线沿墙或架空敷设时其主高度户内应高于 2.5 m，户外应高于 4.5 m，跨越道路应高于 6 m，与其他设备、门窗、水管等距离应大于 0.3 m。对由电源箱连接到用电设备之间的线路，要求可以放宽，但不得影响正常生产活动中的通行和操作。 4. 必须装有总开关和漏电保护装置，每一个分路应装设和负荷匹配的熔断器 临时用电线路必须有一个总开关，这个开关应设在用电设备附近，以便及时切合电源，而每一分路应设置与负荷相匹配的熔断器或过流保护装置，这两项是对临时用电设备最关键的一级保护措施，任一项不符合要求则本项不合格。 5. 临时用电设备 PE 连接可靠 对于中性点直接接地电网，临时用电设备必须可靠接地。对中性点不接地电网和不直接接地电网，临时用电设备必须保护接地，并有保护接地体的接地电阻测试报告。否则本条款认定为不合格。 6. 严禁在有爆炸和火灾危险场所架设临时线

表 3-7 动力(照明)配电箱(柜、板)

(一)设置目的
车间动力、照明箱(柜、板)是工厂电力系统中最低一级的电力分配和控制、保护的设施，是保障电力运行最基本的一个环节，它与工厂各工种人员接触的可能性很大，却又往往容易被工厂忽视，电管部门不管，工厂设备或电力部门也因其多属低值品，数量多，分布广而不愿去管，只有车间维修电工因本身工作需要才兼管起来，但管理也很不严格，很多企业中车间动力、照明箱(柜、板)都处于失控状态，拥有数量不清，技术状态极差，有的根本起不到一级保护作用。为改变这种失控状况，安全质量标准对车间动力、照明箱(柜、板)提出了 8 款考评要求。
(二)考评范围
各部门、各部位进户隔离开关以下，具有分配保护功能的动力、照明箱(柜、板)，以及用电设备、设施的电源线路。
(三)考评内容
1. 箱(柜、板)符合作业环境要求 (1)触电危险性小的一般生产场所和办公室可采用开启式的配电箱(板)。 (2)触电危险性大的、环境较差的车间，如铸造、锻造、热处理、锅炉房、木工房等，应采用封闭式的配电箱(柜)。 (3)有导电粉尘并产生易燃易爆气体的危险作业环境，必须采取密闭式或防爆式的电气设施。 2. 箱(柜、板)内外整洁、完好、无杂物、无积水、有足够的操作空间，布线整齐有序、电气元件完好，连接可靠 3. 箱(柜、板)前方 1.2 m 的范围内无障碍物(有困难可掌握至 0.8 m)，箱(柜、板)体 PE 可靠

续表

箱(柜、板)所有的金属构件都必须有可靠的接地(零)保护,要保证其导电的连续性,不允许有任何脱节。接地(零)支线应单独与接地或接零干线相连接,各接地或接零支线不准串联,同时 PE 线要有足够的机械强度和防止连接处松脱措施,并要有足够的导电能力。 4. 各种电气元件及线路接触良好,连接可靠、无严重烧损或发热现象 5. 箱(柜、板)内插座接线正确,并有漏电保护器 箱(柜、板)内插座接线必须符合下列要求:单相两孔插座,面对插座,左极接零线,右极接相线;单相两孔插座必须上下安装时,零线在下方,相线在上方,单相三孔插座,面对插座上孔接 PE 线;四孔插座只准用于 380 V 电源,上孔接 PE 线。直流、交流或不同电压的插座在同一场所时,应有明显区别和标志。 6. 保护装置齐全,与负载匹配合理 考评时应按每一分路的负载或导截面对照熔断元件查证其是否匹配。一般熔断元件的额定工作电流应不大于导线允许载流量的 2.5 倍,如按负荷计算,熔断元件的额定电流可在 1.5～2.5 倍负荷的额定电流选择。对于空气开关等自动开关,单相短路电流不应小于脱扣电流的 1.5 倍。 7. 外露带电部分屏护完好 考评时,要求箱柜以外不得有裸带电体外露,必须装在箱柜外的电器元件,必须有可靠的屏护。 8. 编号、识别标志齐全、醒目 所有有分配和保护功能的箱、柜、板,都应有设施本身的编号,企业也可以根据有利于管理的原则,按不同使用车间,不同类型统一编号,箱柜内每一组开关,熔断器都应有标明起控制对象的对应图标、标号或文字标识,并与时间情况相符。

表 3-8 电网接地系统

(一)设置目的
接地是电气系统广泛应用的一种安全技术措施,在电气系统中,变压器、发电机三相绕组的中性点,处于对系统安全运行和对电气设备及人身安全考虑,应设置完备的接地装置。在机械制造企业有三种接地运行方式: (1)电源系统有一点直接接地,负载设备外露导电部分通过保护导体连接到此接地点的系统(TN 系统); (2)电源系统有一点直接接地,设备外露导电部分接地与电源系统的接地电气上无关的系统(TT 系统); (3)电源系统的带电部分不接地或通过阻抗接地,电气设备的外露导电部分接地的系统(IT 系统)。
(二)考评范围
对低压配电系统采用 TN、TT、IT 三种配电用电形式的接地系统及高压电力设备的接地进行考评。
(三)考评内容
1. 电源系统接地制式的运行应满足其结构的整体性、独立性的要求 (1)电气系统接地制式不同,其安装规范要求也不同。在同一发电机,同一变压器的供电网络中,不应采用两种不同的接地方式。 (2)保护导体即 PE 线,要有足够的机械强度和电气连接强度。 (3)TN 系统是由工作接地、主干保护线(PE 或 PEN 线、设备保护线(PE 线)),故障保护装置,重复接地或等电位连接所组成,必须保证系统的整体性、连续性和可靠性。 (4)TN 系统按照中性线(N)与保护线(PE)组合情况的不同,可以分为 TN-S、TN-C、TN-C-S 三种接地形式。

续表

在 TN 系统中所有用电设备外露可导电部分必须与 PE 线或 PEN 线相连接，PE 线或 PEN 线严禁接入开关设备，不得断股或断线，在 TN-C-S 系统中，PE 与 N 分开后，就再不能合并，且 N 线绝缘水平应与相线相同。

2. 各接地装置的电阻检测合格

接地电阻的检测应在干燥季节测量，重复接地测量时必须与主干 PE 或 PEN 线断开，其各类接地电阻合格值如下表：

常用接地电阻允许值(欧)

接地类别	允许值
大接地短路电流系统接地(短路电流＞500 A)	R≤0.5
小接地短路电流系统接地(短路电流＜500 A)	R≤10
大变压器、发电机工作接地(容量＞100 kVA)	R≤4
小变压器、发电机工作接地(容量＜100 kVA)	R≤10
零线重复接地	R≤10
电器设备保护接地	R≤4
变配点所阀型避雷器接地	R≤4
低压进户线绝缘子接地	R≤30
工业电子设备、X 光机、保护接地	R≤10

3. TN 系统重复接地布设合理

(1)架空线路主干线和分支线终端以及沿海每 1 km 处其 PE 线或 PEN 线应重复接地，距接地点50 km 外每个建筑物进线处均需重复接地，以金属外皮等作主干 PE 线或 PEN 线的低压电缆也应重复接地。

(2)车间内部宜采取环状重复接地，PE 线或 PEN 线与接地装置至少两点连接(进线处、对角、每200 m 处应重复连接一次)。

(3)具有爆炸和火灾危险场所，应作等电位接地连接。

4. 接地装置的连接必须保证电气接触可靠，有足够的机械强度，防损伤或附加的保护措施

(1)接地体和接地连线禁止利用可燃液体或气体管道，宜用钢材，其界面应保证足够的机械强度和防腐蚀要求及热稳定要求。

接地体、接地线的最小尺寸

材料种类		地上		地下	
		室内	室外	交流电流回路	直流电流回路
圆钢直径		6	8	10	12
扁钢	截面(mm)	60	100	100	100
	厚度(mm)	3	4	4	4
角钢厚度(mm)		2	2.5	4	6
钢管(管壁厚度)(mm)		2.5	2.5	3.5	4.5

(2)接地装置之间一般采取焊接，以保持其电气通路，焊接必须牢固，焊接长度应符合如下要求：

续表

扁钢为其宽度 2 倍，四边施焊；

圆钢为其直径 6 倍，两面施焊；

圆钢与扁钢连接时为圆钢直径 6 倍。

扁钢与钢管、扁钢与角钢、起重机轨道、建筑物伸缩缝（沉降缝）等处应有弧形或直角形连接结构。

与接地干线连接应使用镀锌细栓，并加放松垫圈。

5. 接地装置编号、标示明晰，定期检验报告、档案资料完整

每处接地装置应编号，有标示牌并注明检测日期与数据，图形符号用 E，明敷接地干线应涂以宽度相等的黄绿相间的条纹，中性线宜涂蓝色，自然接地体和人工接地体连接处应有便于断开的连接点以便于维护和检测接地电阻。

接地装置设计资料、施工与变更资料、检测与检查资料必须完整。考评时还应于现场查证其编号、位置。

表 3-9　防雷接地系统

（一）设置目的

雷是一种大气中的放电现象，大气中的饱和水蒸气在上下气流的强烈摩擦和碰撞下，形成带正负不同电荷的雷云。当雷云所带电荷积累到一定程度时，会与带不同电荷的雷云或地面凸出物之间发生激烈的放电，出现强烈的闪光，由于放电时温度高达 20000℃，空气受热急剧膨胀，发出爆炸的轰鸣声，这就是电闪和雷鸣。

雷电大体可分为直击雷、感应雷、球形雷、雷电侵入等几种。雷电有很大的破坏力，其破坏作用是综合性的，包括电性质、热性质和机械性质的破坏作用，可造成大面积的停电、重大火灾和爆炸事故。为了防止雷电事故，对易受雷击的建筑物、构筑物，应采取相应可靠的防雷装置。为了保持防雷装置的保护性能，还应经常性地检查和定期检测试验。

（二）考评范围

由于电力系统和避雷器都属电管部门对电力系统定期预防性试验的范围，故本项考评只适用于遭受雷击区域的建筑物、构筑物以及雷电波侵入可能造成危害的场所及设备。

（三）考评内容

1. 防雷技术措施须经安全设计与验算，使保护范围有效

企业应提供有关防雷的技术档案资料，以及考评周期内全厂防雷装置定期检测报告，以判断其是否完善可靠，对企业内易燃易爆场所及锅炉房、变配电站部位还要现场核对有无不符合情况。

2. 防雷装置完好，接闪器无损坏，引线焊接可靠，接地电阻应低于 10 欧。

考评时应用望远镜观察接闪器及引下线的完好状况，有无断裂、烧损脱焊等缺陷。其材料规格应符合有关规定，以保证其足够的机械强度和热稳定要求。其接地电阻应低于 10 欧。

3. 独立避雷针系统与其他系统隔离，间距合格

独立避雷针应有自己专用的接地装置，与其他电力接地网的距离不应小于 3 m，避雷针与保护设备之间的空气距离不应小于 5 m。在避雷针、避雷线的构筑物上严禁架设其他线路（低压电气线路、通讯线路、照明线），如必须装设时需穿铁管，并将其埋入地下 15 m 以上，埋深 0.6～0.8 m。

4. 建筑物、构筑物的防雷应有防反击、侧击等措施，与道路或建筑物出入口有防止跨步电压触电的措施，线路应有防雷电波侵入的技术措施

续表

(1)当金属物或线路与防雷装置不相连时,与引下线的距离不得小于 5 m,如果达不到,则应把它们直接连接成等电位体或与避雷器相连接。 (2)对于有防爆要求的建筑物、构筑物、钢制气罐(壁厚大于等于 4 mm)等金属物品(包括管道、线槽)连接成等电位并接地。 (3)线路应有防雷电波侵入措施,应采取在进户处装设避雷器、过电压保护器具等办法,也可将金属物埋于地下(长度 15 m 以上)。 (4)所有防雷装置及其接地装置与道路或建筑物出入口距离应大于 3 m,不够时应采取均压措施或铺设卵石沥青地面,并有防跨步电压触电的警示标志。 5. 对防雷区域和防雷装置能定期进行防性检查、评价和检测,且有关资料齐全有效 (1)防雷装置在每年雷雨季节前要进行定期检测试验,并有专业检测报告及实际数据。对防雷装置应按规范标准经常检查其整体完好状态,例如接闪器有无歪斜,引下线有无闪络或烧损、磨蚀以及与相邻导体的安全距离等。 (2)对于利用原有防雷装置的防护区域内,新建、改建、扩建的建筑物或有新的易燃易爆场所,应重新验算其保护的可靠性。 (3)有关的检查、检测资料应纳入相关的技术档案,并进行综合分析,各类报告应完整、有效。

表 3-10 电焊机

(一)设置目的
电焊机种类很多,其中手工电弧焊应用非常广泛,电焊操作时,工人要直接接触焊机、焊钳、焊接电缆,有时还要站在与二次电源相连接的工件上,焊机的空载电压都超过安全电压(直流焊机为 55～90V;交流焊机为 60～80V),当电弧熄灭特别是更换焊条时,焊钳与工作件间有 70V 以上的电压,若遇焊机发生故障,焊机一次侧电源窜入焊接电缆,那就可能发生触电伤亡事故。为此安全质量标准把焊机作为一个考评项目。
(二)考评范围
本项考评的主要对象为用电力进行焊接的固定式、移动式设备(包括点焊机,但不包括在生产线上的小型点焊设备,小型点焊机应在自动线范围内统一考评)。
(三)考评内容
1. 电源线、焊接电缆与焊机连接处有可靠的屏护 有许多焊机其电源和焊接电缆接头都是裸露的,极易被人或金属导体触及而造成事故,因此要求这两处必须有可靠的防护,防护罩要将裸露的接线头及裸线部分完全罩住,有一定的机械强度又要便于拆接线及线缆,如不符合任一要求,此款为不合格。 2. 焊机单点外壳应可靠接地(零),但应注意工件不要同时接地 因工件常与焊机二次电源相连,与焊机同时接地(零)时,其接地(零)线势必会有短路电流通过。同时严禁利用易燃易爆管道作为接地装置。 3. 焊机一、二次绕组、绕组与外壳间绝缘电阻不小于 1 兆欧 要求每半年至少摇测一次并有记录。 4. 焊机一次电源线长度不超过 3 m,且不得拖地或跨越通道使用 焊机电源线应采用铜芯橡套电缆长度不应超过 3 m,如果需使用长导线,应在焊机 3 m 范围内增加一级电源控制,并将长导线架空敷设,焊机电源线不得在地面拖拽使用。

续表

5. 焊机二次线连接良好，接头不超过3个 焊机二次电缆截面积应与焊机容量匹配，连接牢固，无松动，接头不得多于3个。不得利用厂房金属结构、管道、轨道等作二次回路。 6. 焊钳夹紧力好，绝缘可靠，隔热层完好 焊钳应符合国家有关规定，能保证在不同角度下夹紧焊条，绝缘良好，手柄隔热层完整，焊钳与导线连接可靠并保持轻便柔软，导体不外露，有些工厂自制一些焊钳，只能满足夹得紧，绝缘良好，能隔热也应认为合格。 7. 焊机使用场所清洁，无严重粉尘、周围无易燃易爆物 焊机应安放于通风、干燥、无碰撞及剧烈震动、无高温、无易燃品存放的地方，特殊情况下必须采取特殊的防护措施，电焊机要有防手受伤的措施(机械保护挡板、双手控制、弹键、限位传感装置等)。

表 3-11　手持电动工具

(一)设置目的
手持电动工具是一种以电动机为动力，操作时必须由操作者用手握使用的工具。手持电动工具由于其小巧和使用方便的特点，在企业生产、工作中得到广泛的应用。但是又因为其价值低、易损坏，属于低值易耗品，在企业中往往得不到重视，对其管理不严格，其使用环境复杂、多变，损坏几率高，极易发生事故，其中主要是触电事故。为此特设定本项考评项目。
(二)考评范围
本项目适用于企业生产过程中的手持式各类电动工具。
(三)考评内容
1. 必须按企业环境的要求，选用手持电动工具，使用Ⅰ类手持电动工具时应配有漏电保护装置，PE线连接可靠 (1)在一般作业场所中，应选用Ⅱ类工具，在潮湿的场所或金属构架上、金属物件上，应采用Ⅱ类或Ⅲ类工具，在锅炉、金属容器、管道内及狭窄场所作业应使用Ⅲ类工具。 (2)使用Ⅰ类工具，在一般场所应采用漏电保护器或隔离变压器，PE先必须可靠。 2. 绝缘电阻符合要求，有定期测试记录，手持电动工具的绝缘电阻应至少每三个月进行一次检测，其冷太绝缘电阻值应符合要求 3. 电源线必须用橡套软线，长度不应超过6 m，无接头及破损 考评时应特别注意电源线与工具、插头连接处是否完好，特别是已更换过的插头，还要检查其接线的正确。 4. 电动工具的开关应灵敏、可靠，特别是要注意能及时切断电源，无卡滞，粘连等故障，对于插头，因其损坏率高，在更换时要注意与工具功率和类型匹配，且接线正确

表 3-12　移动电气设备

(一)设置目的
在企业中有些非固定安装电气设备，如电风扇、电采暖器、无齿锯等，往往无专人管理，在使用中经常由于使用不当，接线错误，防护装置损坏货脱落又未能及时修复而造成事故，为此设置了本考评项目。

续表

(二)考评范围
本项目适用生产场所内固定安装的电气设施(如移动式电风扇、采暖器等)。
(三)考评内容
1. 绝缘电阻值不低于1兆欧且有检测记录,这类设备间断性使用的,使用前和使用的过程中每三个月应进行绝缘电阻测量,其阻值应不少于1兆欧,并有测量记录。 2. 电源线采用三芯或四芯橡套软线,无接头、不跨越通道,绝缘层无破损,电缆长度不应超过6 m(必须有PE线接地(零))。 3. PE可靠。接地或接零应符合配电系统的接地形式和移动电器的容量要求,连接要满足电气和机械强度,做到正确、可靠。 4. 防护罩、遮拦、屏护、盖应完好无松动,防护罩(盖)、遮拦、屏护应防止人手指或其他部位能触及带电或旋转部位。安装要牢固,放置要平衡、无晃动。 5. 开关应可靠、灵敏,且与负载匹配。设备本身应有电源的总开关,或在电源引入设备附近设置总的电源开关,开关应灵敏可靠,且与负载匹配。

2. 燃爆热工部分

详见表3-13至表3-19。

表3-13　工业气瓶

(一)设置目的
在工业生产使用的工业气瓶,瓶内承受压力高,应力状况复杂,瓶内外介质种类多且性质各异;加上气瓶流动范围广,使用条件恶劣等危险因素较多,极易发生火灾爆炸事故。
(二)适用范围
本项目适于企业常用的氧气瓶、氢气瓶、二氧化碳气瓶、氟化气瓶、氨气瓶,溶解乙炔气瓶,液化石油气瓶等工业气瓶。适用于正常环境温度(−40℃～60℃)下使用的,公称工作压力为1.0～30 MPa(表压,下同)、公称容积为0.4～1000L、盛装永久气体或液化气体的气瓶。
(三)考评内容
1. 各类气瓶的检验周期,不得超过下列规定: (1)盛装腐蚀性气体的气瓶,每两年检验一次; (2)盛装一般气体的气瓶,每三年检验一次; (3)液化石油气瓶,使用未超过二十年的,每五年检验一次;超过二十年的,每两年检验一次; (4)盛装惰性气体的气瓶,每五年检验一次。 2. 气瓶登记制度 (1)对购入气瓶入库和发放实行登记制度。 (2)登记内容包括气瓶类型、编号、检验周期、外观检查、入和出库日期、领用单位、管理责任人。 3. 气瓶现场状态 (1)外观无机械性损伤及严重腐蚀;表面漆色、字样和色环标记正确、明显。常用气瓶的颜色为:乙炔瓶为白色、氧气瓶为淡兰色、氯气瓶为深绿色、氢气瓶为淡绿色、氮气瓶为黑色、天然气瓶为棕色;瓶阀、瓶帽、防震圈等安全附件齐全、完好。 (2)气瓶立放时应有可靠的防倾倒装置或措施。 (3)瓶内气体不得用尽,按规定留有剩余重量。

续表

4. 气瓶存放 (1)应存放在气瓶专用库中，库房应符合建筑防火规范 (2)不得有地沟、暗道，严禁明火和其他热源，有防止阳光直射措施，通风良好，保持干燥 (3)空、实瓶应分开放置，保持 1.5 m 以上距离，且有明显标记 (4)盛装易起聚合或分解反应气体的气瓶，必须规定储存期限 (5)盛装有毒或相互接触后引起燃烧、爆炸的气瓶，应分库存放 (6)存放整齐，瓶帽齐全。立放时妥善固定，卧放时头朝一个方向 (7)库内应设置防毒护具和足量消防器材

表 3-14　危险化学品库

(一)设置目的
危险化学品库是易燃易爆等危险化学品及集中的场所，存放品种繁多，一旦发生火灾、爆炸、中毒事故，往往会产生很大的危害和造成严重的经济损失。为此，特设此项目。
(二)适用范围
本项目适用于企业内部贮存危险化学品的库房、贮量超过三天生产用量的中间库及调漆间。
(三)考评要点
1. 危险化学品应根据其危险性，分成爆炸品、压缩气体和液化气体、易燃液体、易燃固体(包括自燃物品和遇湿易燃物品)、氧化剂和有机氧化物、有毒品、放射性物品、腐蚀品等，并进行编号 2. 危险化学品存放 (1)危险化学品应根据分类，分区、分库存放。 (2)爆炸物品、自身能形成爆炸的危险品、腐蚀性物品应单独存放。 (3)相互接触或混合后能引起燃烧或爆炸的物品不能同库存放。 (4)灭火方式不同的物质不得同库存放。 (5)遇火、遇热、遇潮能引起燃烧、爆炸或发生化学反应，产生有毒气体的化学危险品不得露天或在潮湿、积水的建筑中存放。 3. 危险化学品盛装容器 (1)腐蚀性物品包装必须严密，不允许泄漏。 (2)危险化学品包装容器必须由定点企业制造。 (3)重复使用的包装物使用前应有检查记录。 (4)液化气体容器属于压力容器，必须有压力表、安全阀、紧急断路装置，定期检查。 4. 危险化学品库房要求 (1)危险化学品库房不得与办公、居住场所在同一建筑内，否则必须从上述场所中移出单独存放，并与办公、居住场所保持安全距离。 (2)库内应有隔热、降温、通风、防日光直射等设施。 5. 危险化学品工具和电气 (1)库内使用的工具应满足防火防爆要求。 (2)库内照明电器、线路、开关等都应满足防爆要求。

续表

6. 危险化学品废弃物处理 (1)禁止在危险化学品存储区域内堆放可燃废弃物。 (2)泄漏或渗漏危险化学品的容器应移至安全区域。 (3)按危险化学品特性,用化学或物理方法处理废弃物品,不得任意抛弃,污染环境。

表 3-15 油库和储油设施

(一)设置目的
油库是接收、贮存和发放是有产品、生产、经营所需油料的贮存和供应场所。油产品具有易燃、易爆、易挥发、易产生静电以及受热后易膨胀、沸腾、易流动等危险特性,一旦发生燃烧、爆炸事故,将会导致严重后果,因为油库是企业重点防火部位,为此,特设此项目。
(二)适用范围
本项目适用于以接收、贮存和发放柴油及闪点低于45℃的甲、乙类油品 0.5 t 以上,机械油的储量大于 2 t 以上的罐装、桶装和地下、半地下油库。
(三)考评要点
1. 技术资料 (1)提供油库设计图纸,设计单位应有易燃易爆场所的设计资质。 (2)设计文件应有公安消防部门审核意见或备案、抽查资料。 (3)有施工、工程监理等单位的鉴定资料。 2. 油库内外环境 (1)油库位置应远离办公区、生产区或居民区等人员密集地区。 (2)库内场地清洁、整齐,通道畅通。 (3)尽量采取自然通风,也可采取机械通风。 (4)油库外应有标牌,注明油品名称、特性、储量及灭火方法。 3. 油罐的布置 (1)油品危险性不同的油罐不宜布置在同一组。 (2)地上油罐不宜与半地下、地下油罐同组布置。 (3)一组油罐数量不应超过 12 个,单罐容量小于 1000 立方米或丙类油品油罐数量可不受限制。 (4)立式油罐防火间距不小于 5 米,卧式油罐防火间距不小于 3 米。 (5)地上油罐基础面应高出设计地坪半米。 4. 罐体要求 (1)罐体强度应满足设计要求。 (2)罐体应做防腐蚀处理,不得有腐蚀和泄漏。 5. 油罐安全附件 (1)油罐都应装设进出油接合管、排污孔、放水孔、人孔、采光孔和量油孔等附件。 (2)储存甲、乙类油品和轻质柴油的固定顶油罐,必须装设阻火器和呼吸阀;储存丙类油品的固定顶油罐,应装设通气管。 (3)油罐液位计应划出最高液位标记,小容量油罐能直观反映油位的油标、油尺。 (4)呼吸阀每月检查 2 次,记录齐全,以保证阀芯处于正常状态。 (5)阻火器内金属网无破损,不宜使用铝质波纹片,每季度检查 1 次,并有记录。

续表

6. 防雷及防静电措施 (1)钢制油罐必须做防雷接地,接地点不少于2个。 (2)如罐顶装有避雷针或利用罐体做接闪器,接地电阻不宜大于10 Ω;如油罐仅作为防感应雷接地时,接地电阻不宜大于30 Ω。 (3)储存易燃油品的钢制固定顶油罐,如顶板厚度小于4 mm时,应装设避雷针(线),保护范围应覆盖整个油罐。 (4)地上非金属油罐,应装设独立避雷针(线)。 (5)储存甲、乙、丙三类油品的金属和非金属油罐,都应做防静电接地,接地电阻值不得大于100 Ω。 (6)甲、乙、丙三类油品的灌装设备,应做防静电接地,装油场地上,应设有油槽车或油桶跨接的防静电装置。 (7)地上或管沟铺设的输油管线的始端、末端、分支处以及直线每隔200 m,都应设置防静电和防感应雷的接地装置,接地电阻不大于30 Ω。 (8)所有防雷及防静电接地装置,应定期检测接地电阻,每年至少检测一次。 7. 电气设施防爆 油库电机、开关、照明电器、风扇等都必须选用防爆型。 8. 防爆工具 库房使用工具应是不产生火花的防爆工具。 9. 消防设施 (1)油库应配置足够的消防器材和灭火设施。 (2)消防器材完好有效,有编号和换药日期,不得锁在库内。 (3)消防通道畅通,消防车能及时调头。 (4)油库应在150 m范围内设置专用消防栓,水源充足,水量达到要求,水枪、水带、扳手齐全,可随时使用。 (5)储量大的地面油罐周围应有高度在1 m以上的实体围墙作防火堤,堤上应无孔、无洞、排水处设有水封井。 10. 报警装置 油库应配置报警装置,如可燃气体探测器等,应明确其功能。 11. 油槽车安全要求 (1)需持有专用许可证,配备灭火器材。 (2)应设专用排气阻火器,车尾架有防静电链条。

表3-16 压力容器

(一)设置目的
在机械工厂中适用的各种压力容器,其结构不同,内部介质不同,受力受压不同,具有爆炸、火灾及中毒等危险特性。为确保安全运行,特设此项。
(二)适用范围
本项目适用于同时具备下列条件的压力容器: (1)工作压力≥0.1 MPa;内直径≥0.15 m;容积≥0.025 m^3; (2)介质为气体、液化气体或最高工作温度高于准沸点的液体。

续表

(三)考评要点
1. 技术资料要求 基本资料应有《压力容器使用登记证》、注册证件、质量证明书、出厂合格证、年检报告等。 2. 压力容器外观 (1)本体、接口、焊接接头等部位无裂纹、变形、过热、泄漏等缺陷。 (2)无腐蚀、凹陷、鼓包或其他外伤。 (3)相邻管件或构件无异常振动、响声或相互摩擦等现象。 3. 压力表 (1)压力表指示灵敏,刻度清晰,铅封完整,在检验周期内使用。 (2)同一系统的压力表读数应显示相同。 (3)压力表量程应选用容器工作压力的2倍,最小不小于1.5倍,最大不超过3倍,压力表安装朝向应便于观察。 (4)低压容器压力表精度不低于2.5级,中压及以上容器压力表不低于1.5级。 4. 安全阀 (1)结构完整,动作灵敏可靠,介质泄放点合理。 (2)每年检验一次,记录齐全,且铅封完好。 (3)如安全阀与本体之间装设截止阀的,运行期间必须处于工作状态,并加铅封。 5. 爆破片 (1)铭牌上的工作压力及温度应能满足运行要求。在可燃气体的压力容器上,不准使用铸铁或低碳钢制造的膜片,以免在膜片破裂时产生火花。 (2)安装方向合理,介质泄放必须安全。 (3)单独作泄压装置的,防爆片与容器间的截止阀必须处于工作状态,并加铅封。 (4)与安全阀串联使用时,期间的压力表和截止阀之间不允许积存压力,截止阀打开后无介质溢出。 6. 液位计 (1)能正确显示液面位置,有最高和最低安全液位标记。 (2)定期检验,记录齐全。 7. 其它安全附件 (1)能正确显示各部压力、温度,并有最高、最低压力、温度标记。 (2)定期检验,记录齐全。 (3)介质为易燃物的容器现场应有相应的消防设施。 8. 支撑设施 (1)支座、支架完好。 (2)基础牢靠,无位移、下沉、倾斜、开裂、破损等缺陷。 (3)螺栓连接牢固。 (4)介质为易燃物的容器和管道应可靠接地,管道的接地在法兰及阀门的连接处应用导线跨接。 9. 疏水管、排污阀 无泄漏,布局合理,排放物对周围环境无污染。 10. 压力容器运行状况 (1)无超载、超压、超温现象。 (2)无异常振动声响。 (3)定期巡回检查记录。

表 3-17　锅炉与辅机

(一)设置目的
锅炉是工业企业生产和日常生活中使用较广泛的能源转换设备,由于它一部分元件既受到高温烟气和火焰的烘烤,又承受较大的压力,且工作环境比较恶劣,是一种有爆炸危险的特殊设备。为此,特设置本项目。
(二)适用范围
本项目适用于承受压力的、以水为介质的、产生蒸汽的固定式锅炉。
(三)考评要点
1. 技术资料要求 (1)出厂资料齐全,应有质量证明书、出厂合格证、锅炉总图、主要受压部件图、受压元件强度计算书、安全阀排放量计算书、安装使用说明书,以及各种辅机合格证书等。 (2)锅炉使用登记证必须悬挂在锅炉房内。 (3)必须有检验合格证,并在检验周期内使用。 2. 安全阀 (1)结构完整,动作灵敏可靠,介质泄放点合理。安全阀排气管、泄水管不准装阀门。 (2)每年检验一次,记录齐全,且铅封完好;每月自动排放试验一次,每周手排试验一次,并做好记录。 3. 水位计 (1)安装合理,灵敏可靠,便于观察。水位计高于操作地面 6 m 时,应加装远程水位显示装置。 (2)每台锅炉至少安装 2 个独立的水位表。 (3)能正确显示水位位置,有最高和最低安全水位和正常水位标记。 (4)水位表应设置放水管,接至安全地点,玻璃式水位表应有防护装置。 (5)每月检验一次,记录齐全。 4. 压力表 (1)锅炉必须装有与锅筒蒸汽空间直接相连接的压力表。 (2)压力表指示灵敏,刻度清晰,每半年校验一次,铅封完整,在检验周期内使用。 (3)压力表量程应选用锅炉工作压力的 2 倍,最小不小于 1.5 倍,最大不超过 3 倍。 (4)额定蒸汽压力小于 2.5 MPa 的锅炉,压力表精度不低于 2.5 级,额定蒸汽压力大于 2.5 MPa 的锅炉,压力表不低于 1.5 级。 (5)表盘直径不应小于 100 mm,刻度盘上应划有最高工作压力红线标志。 (6)压力表、存水弯管、三通旋塞齐全完整。 5. 排污装置 无泄漏,保持畅通,定期进行排污。 6. 报警装置 (1)额定蒸汽量大于 2 t/h 的锅炉,应装极限高、低水位报警器和极限低水位连锁保护装置。 (2)额定蒸汽量大于 6 t/h 的锅炉,应装设超压报警和连锁装置。 (3)燃油、煤粉或以气体为燃料的锅炉,应装设燃烧系统连锁保护装置、点火程序控制和熄火保护装置。 7. 给水设备 (1)能保证安全可靠供水。 (2)机械给水装置,应设置两套给水设备,其中必须有一套为蒸汽自备设备。

续表

8. 炉墙与炉体 (1)炉墙无严重漏风、漏烟。 (2)炉体完好,构架牢靠,基础牢固。 (3)油、气、煤粉锅炉防爆装置完好。 9. 水质化验与处理 (1)2 t/h 以下锅炉可采用炉内水处理,2 t/h 以上锅炉应进行炉外水处理。 (2)水质处理的指标要求,应达到炉内水垢在 1.5 mm 以下,符合《低压锅炉水质标准》要求。 (3)水质化验员应持证上岗,按规定进行取样化验,监控水质,记录齐全。 10. 外接管道 (1)各类管道无泄漏,保温层完好,管道构架牢固可靠。 (2)管道色环和流向标志齐全,符合标准。 11. 辅机设备 (1)燃料输送系统安全可靠,运行良好。输煤廊皮带输煤机两侧应有防护栏和急停装置。 (2)除渣设备整齐干净,不影响周围环境。 (3)通风设备配置合理,运行良好,节能降噪。 (4)所有电器设施连接可靠,接地良好。

表 3-18　工业管道

(一)设置目的
工业管道是企业能源物质输送的命脉。在机械工厂中各种工业管道纵横交错,阀门、接头复杂繁多,环境恶劣,容易发生泄漏而导致火灾,爆炸及中毒事故。为此,特设置本项目。
(二)适用范围
本项目适用于企业中输送介质为可能引起燃烧、爆炸或中毒等危险性较大的工业管道。
(三)考评要点
1. 技术资料要求 (1)全厂工业管线平面布置图,标记完整,位置准确。 (2)工业管道制造、安装合格证明材料。 (3)建立技术档案和使用登记。 (4)有资格检验单位的检验报告,并在检验有效期内使用。 2. 管道漆色、色环 (1)工业管道漆色、色环、流向指示等标志应明显、醒目,并符合规定。 (2)常用工业管道漆色如下: ①输送酸或碱的管道可漆成紫色; ②可燃性液体管道漆成棕色; ③水蒸气管道漆成大红色; ④气体管道漆成中黄色; ⑤其他液体管道漆成黑色。 3. 工业管道外观 (1)工业管道完好,泄漏点每 1000 m 不超过 3 个。

续表

(2)地下或半地下铺设的管道应有防腐处理。 (3)易燃、易爆介质管道连接可靠,电气不连贯处应装设电气跨接线和布置消除静电的接地装置。 (4)承压管道必须有足够强度,不允许有深度大于 2 mm 以上的点状腐蚀和超过 200 mm^2 的面状腐蚀。 (5)热力管道的保温层完好无损。 4. 管道支架 架空管道的支撑、吊架等构件应牢固可靠。

表 3-19　涂装作业场所

(一)设置目的
目前,我国机械工业中,表面涂装作业应用非常广泛,在喷涂的漆料中,有机溶剂所占比例相当大,有毒、有害物质多,易产生火灾、中毒等事故。为此,特设置本项目。
(二)适用范围
本项目适用于易燃易爆涂装作业场所喷漆室(柜)。
(三)考评要点
1. 作业区域环境 (1)作业区域应与其他作业区隔离,保持一定的防火间距。 (2)作业现场不得储存、堆放其他易燃易爆物品,易燃易爆废料及时从现场清理。 (3)物品堆放整齐、稳固,高度不超过 2 m,易挥发可燃物品桶盖随时拧紧盖严。 (4)易燃易爆用品现场存量最好为 1 个班的用量,最多不超过 3 个班的用量。 (5)通道保持畅通,出、入口处不得堆放易燃易爆物品。 2. 电气设施防爆 作业场所区域内的电动机、电气开关、线路、照明电器必须符合电气防爆安全技术要求,不得使用插座、插销、闸刀开关等非封闭型电气。 3. 通风设施 作业区域应采取自然通风或机械通风,保持通风良好,不得使易燃易爆和有毒有害气体在现场积存。 4. 消防设施 (1)根据易燃易爆用品现场使用量配备足量消防器材,室外有消防栓、消防水枪、水带、开启工具。 (2)消防器材设置地点合理,取用方便。 (3)消防器材每年维护保养,确保其可靠性。 5. 自动报警装置 封闭式易燃易爆物品使用场所,必须安装自动报警或抑爆系统。 6. 保护接地 易燃易爆作业场所区域内所有金属部件、构件都应可靠接地,设置专门的防静电接地体。其接地电阻值不大于 100 Ω。 7. 明火管制 易燃易爆作业场所不得从事动火作业,严禁人员吸烟,并远离热源。

3.4 改进作业环境与现场作业

在安全系统中，主要因素是人，因为一切事故的根源几乎都可以追溯到人。人的失误包括能预见而未采取措施的失误和还未认识而造成的失误。人的失误主要有两种原因：一是员工在认识过程中感知不深、能力不足、思维错误和粗心等问题产生的无意违章；二是员工个性因素如心急、固执、侥幸心理和长期习以为常等造成的有意违章。

针对"人"的不安全行为方面的事故隐患，要从加强员工思想保证、能力保证和制度保证等方面着手开展工作。一是牢固树立"安全第一、预防为主、综合治理"的思想，正确处理安全与进度、安全与效益、安全与改革的关系，认真做好对员工的全过程教育。二是能力保证，从岗位培训抓起，开展技术练兵、比武、竞赛等，以达到适应岗位要求的能力。三是制度保证，建立健全保证安全生产的各项规章制度和安全操作规程，同时开展安全质量标准化工作，规范人的安全行为。

作业环境是"物"的另一种表现形式，治理"作业环境"方面事故隐患的立足点是努力改进和完善生产现场的劳动保护设施和技术措施，使员工处于安全有保障的作业环境中，即使员工因主观原因出现工作疏忽也不至于产生严重后果，同时能消除职工在生产过程中的紧张状态，发挥出人的最大潜能。

对于"物"的不安全状态方面的事故隐患，采取技术措施是其主要途径。技术措施主要包括：通过改变结构设计，尽可能避免或消除事故隐患；减少或限制操作者涉入危险区域；实现"环境条件"最佳化；增加或改进安全防护装置；履行安全人机工程学原则措施和准确使用安全信息等。

3.4.1 危险作业管理

现场作业管理是企业安全生产管理的重要组成部分。企业应根据实际生产工艺、设备设施的情况，制定出确实可行的《安全操作规程》，应明确辨识危险源、安全操作流程及有效的应急处理措施。尤其对现场危险作业管理应做到有规可循，有据可查，严格审批，杜绝违章，从而减少事故的发生。

表 3-20、表 3-21、表 3-22 为某企业部分危险作业安全管理制度示例。

表 3-20 高处作业安全管理制度

高处作业安全管理制度
第一条 为减少高处作业过程中坠落、物体打击事故的发生，确保职工生命安全和装置安全稳定运行特制定本制度。本制度适用于各部门和外委施工队伍的高处作业。 第二条 本制度所指高处作业是指在坠落高度基准面 2 m 以上(含 2 m)，有坠落可能的位置进行的作业。 高处作业分为四级： (一)高度在 2～5 m，称为一级高处作业； (二)高度在 5～15 m，称为二级高处作业； (三)高度在 15～30 m，称为三级高处作业； (四)高度在 30 m 以上，称为特级高处作业。

续表

第三条　进行高处作业时，必须办理《高处作业票》。高处作业票由施工单位班长或组长负责填写，施工单位（队或车间级）领导或工程技术人员负责审批。安全管理人员进行监督检查。未办理高处作业票，严禁进行高处作业。 第四条　凡患高血压、心脏病、癫痫病以及其他不适于高处作业的人员，不得从事高处作业。 第五条　高处作业人员必须系好安全带、戴好安全帽，衣着要灵便，禁止穿底面钉铁钉或易滑的鞋。 第六条　安全带必须系挂在施工作业处上方的牢固构件上，不得系挂在有尖锐棱角的部位。安全带系挂点下方应有足够的净空。安全带应高挂（系）低用，一般不得采用低于腰部水平的系挂方法。严禁用绳子捆在腰部代替安全带。若上方无固定点时，方可采用低于腰部水平系挂方法，但下部必须有足够净空。 第七条　在邻近地区设有排放有毒、有害气体及粉尘超出允许浓度的烟囱及设备等场合严禁进行高处作业。如在允许浓度范围内，也应采取有效的防护措施。在五级风以上和雷电、暴雨、大雾等恶劣气候条件下影响施工安全时，禁止进行露天高处作业。高处作业要与架空电线保持规定的安全距离。 第八条　脚手架的搭设必须符合国家有关规程和标准的要求。高处作业应使用符合安全要求的吊架、梯子、防护围栏、挡脚板和安全带等，跳板必须符合作业要求，两端必须捆绑牢固。作业前，应仔细检查所用的安全设施是否坚固、牢靠。夜间高处作业应有足够的照明。 第九条　高处作业严禁上下投掷工具、材料和杂物等，所用材料要堆放平稳，必要时要设安全警戒区，并设专人监护。工具应放在工具套（袋）内，并有防止坠落的措施。在同一坠落平面上，一般不得进行上下交叉高处作业，如需进行交叉作业，中间应有隔离措施。 第十条　梯子不得缺挡，不得垫高使用。梯子横挡间距以 30 cm 为宜。下端应采取防滑措施。单面梯与地面夹角以 60～70°为宜，禁止二人同时在梯上作业。如需接长使用，应绑扎牢固。人字梯底角要拉牢。在通道处使用梯子，应有人监护或设置围栏。 第十一条　高处作业人员不得站在不牢固的结构物（如石棉瓦、木板条等）上进行作业。高处作业人员不得坐在平台边缘、孔洞边缘和躺在通道或安全网内休息。楼板上和平台上的孔洞应设坚固的盖板或围栏。在没有安全防护设施的条件下，严禁在屋架、桁架的上弦、支撑、檩条、挑架、挑梁、砌体、未固定的构件上行走或作业。30 m 以上的特级高处作业与地面联系应设有专人负责的通讯装置。 第十二条　外用电梯、罐笼应有可靠的安全装置。非载人电梯、罐笼严禁乘人。高处作业人员应沿着通道、梯子上下，不得沿着绳索、立杆或栏杆攀登。 第十三条　因事故或灾害需进行特殊高处作业，包括强风、异温、雨天、雾天、雪天、带电、悬空和抢救高处作业，要制定作业方案并经现场主管安全部门与主管领导审批。紧急情况为抢救人员时，可由施工负责人或其他领导在保护救护人员安全的前提下口头批准，并报安全部门，在报告前，抢救作业应立即进行。 第十四条　本规定从发布之日起执行。未尽事宜可按国家有关标准、制度、法规执行。高处作业票由公司统一印制。 第十五条　本制度由公司机动工程部负责起草，与公司生产安全部共同审定并解释。

表 3-21 临时用电安全管理规定

临时用电安全管理规定
第一条 为加强临时用电管理,避免人身触电、火灾爆炸及各类电气事故,特制定本规定。 第二条 本实施细则适用于公司范围内各单位正式运行电源上所接的一切临时用电。 第三条 临时用电审批程序。 (一)一般不允许在运行的生产装置、罐区、油气装卸台站及水净化场等区域内接临时电源。确属生产必须时,临时用电要同时按规定办理"用火票"。 (二)本企业内部单位的临时用电,由作业(用电)单位持用火票、电工执照到供电主管部门办理临时用电票。 (三)非本企业的临时用电,由作业单位持施工许可证、用火票、电工执照到供电主管部门办理。 (四)临时用电票申批、确认后,由供电执行部门将"用电开始"栏填写确认完毕,方可用电。 第四条 临时用电票期限应与用火票一致。 第五条 临时用电管理。 (一)无临时用电票或填写不规范不得用电。 (二)临时用电票一式三联,第一联由临时用电操作人保存,第二联由作业人携带备查,第三联由供电执行部门保存三个月。 (三)用电结束后,由作业人员通知用电操作人,操作人停电后,将"施工结束"栏填写确认后,将第一联交回供电执行部门。 第六条 有自备电源的施工队,自备电源不得接入电网电源。 第七条 用电结束后,临时施工用的电气设备和线路立即拆除,其中符合标准的室外固定检修专用配电箱必须断电,供电执行部门与所在单位区域技术人员共同检查验收签字。 第八条 临时用电必须严格确定用电时限,超过时限要重新办理临时用电票的延期手续,同时要办理继续用火的"用火票"手续。 第九条 安装临时用电线路的作业人员,必须具有电工操作证方可施工。严禁擅自接用电源,对擅自接用的按窃电处理。电气故障应由电工排除。 第十条 临时用电设备和线路必须按供电电压等级正确选择,所用的电气元件必须符合国家规范标准要求,临时用电电源施工、安装必须严格执行电气施工、安装规范。 (一)在防爆场所使用的临时电源、电气元件和线路要达到相应的防爆等级要求,并采取相应的防爆安全措施。 (二)临时用电的单相和混用线路应采用五线制。 (三)临时用电线路架空时,不能采用裸线,架空高度不得低于 2.5 m,穿越道路不得低于 6 m;横穿道路时要有可靠的保护措施,不得在树上或脚手架上架设临时用电线路。在脚手架上架设临时照明线路时,竹、木脚手架应加设绝缘子,金属脚手架上应设横木担。严禁接近热源,严禁用金属丝绑扎电线。 (四)采用暗管埋设及地下电缆线路必须设有"走向标志"及安全标志。电缆埋深不得小于 0.7 m,穿越公路在有可能受到机械伤害的地段应采取保护套管、盖板等措施。

续表

(五)对现场临时用电配电盘、箱要有编号,要有防雨措施,盘、箱门必须能牢靠的关闭。 (六)行灯电压不得超过24 V;在特别潮湿的场所或塔、釜、槽、罐等金属设备内作业装设的临时照明行灯电压不得超过24 V。 (七)临时用电设施,必须安装符合规范要求的漏电保护器,移动工具、手持式电动工具应一机一闸一保护。 第十一条　供电执行部门送电前要对临时用电线路、电气元件进行检查确认,满足送电要求后,方可送电。 第十二条　临时用电设施要有专人维护管理,每天必须进行巡回检查,建立检查记录和隐患问题处理通知单,确保临时供电设施完好。临时用电接通后配电盘或室外固定专用配电箱由供电执行部门负责,其接出线等由用电操作人负责。 第十三条　临时用电单位,必须严格遵守临时用电的规定,不得变更地点和工作内容,禁止任意增加用电负荷,一旦发现违章用电,供电执行部门有权予以停止供电。 第十四条　临时用电结束后,临时用电单位应及时通知供电执行部门停电,由原临时用电单位拆除临时用电线路,其他单位不得私自拆除,如私自拆除而造成的后果由拆除单位负责。 第十五条　临时用电单位不得私自向其他单位转供电。 第十六条　临时用电票由公司制定。 第十七条　本规定由公司机动工程部负责起草,与公司生产安全部共同审定并解释。未尽事宜按国家有关标准、法令、法规执行。 第十八条　本规定从印发之日起执行。

表3-22　进入设备作业安全管理规定

进入设备作业安全管理规定
第一条　为加强进入设备作业安全管理,防止发生缺氧、中毒窒息和火灾爆炸事故,保证职工生命和国家财产安全,制定本规定。 第二条　本管理规定的适用范围是各部门、事业单位,包括外委施工单位人员在公司所属生产、施工区域内进入设备作业和公司人员在厂区外进入设备作业。 第三条　凡在已投产区域进入或探入(指头部入内)设备内(包括炉、塔、釜、罐、容器、槽车、罐车、反应器及各种槽、管道、烟道、隧道、下水道、沟、坑、井、池、涵洞等)及其他封闭、半封闭设施及场所作业均为进入设备作业。在被油类和其他化学危险品污染区域和地域及在生活区采暖、供热、供燃料气及上、下水系统进入下水道、沟、坑、池、涵洞作业同样为进入设备作业。 第四条　凡进入设备作业,必须办理《进入设备作业票》。进入设备作业票由车间(分厂)安全技术人员统一管理,车间(分厂)领导或安全部门负责审批。未办理作业票,严禁作业。 第五条　进入设备作业必须设专人监护,作业单位和设备所在单位不是同一单位时,双方应各出一名监护人,不得在无监护人或作业时间以外作业。

续表

第六条　进入设备作业票的办理程序

(一)进设备作业负责人向设备所属单位的车间(分厂)提出申请。

(二)车间(分厂)技术人员根据作业现场实际确定安全措施、安排对设备内的氧气、可燃气体、有毒有害气体的浓度进行分析;安排作业监护人,并与监护人一道对安全措施逐条检查、落实后向作业人员交底。在以上各种气体分析合格后,将分析结果报告填在《进入设备作业票》上,同时签字。

(三)车间(分厂)领导在对上述各点全面复查无误后,批准作业;

(四)进入设备作业票一式三联,第一联由监护人持有,第二联由作业负责人持有,第三联由审批人员留存备查。

(五)进入危险性较大的设备内进行特种进入设备作业时,应将安全措施报厂领导审批,厂安全监督部门派人到现场监督检查。

第七条　监护人的职责

(一)监护人应熟悉作业区域的环境、工艺情况及作业人员,有判断和处理异常情况的能力,懂急救知识。

(二)监护人对安全措施落实情况进行检查,发现落实不好或安全措施不完善时,有权提出暂不进行作业。

(三)监护人应和作业人员拟定联络信号。在出入口处保持与作业人员的联系,发现异常,应及时制止作业,并立即采取救护措施。

(四)监护人要携带《进入设备作业票》,并负责保管。

第八条　进入设备作业人员应遵循的职责

(一)持批准的《进入设备作业票》方可作业。

(二)无《进入设备作业票》不作业。

(三)进设备作业任务、地点(位号)、时间与票不符不作业。

(四)监护人不在场不作业。

(五)劳动保护着装和器具不符合规定不作业。

(六)对违反本制度强令作业或安全措施没落实,有权拒绝作业。

第九条　作业票应注明作业时间,一天一开,当日有效。全面停车大修期间,作业票有效期不超过3天,间断作业要对进入作业的环境重新分析。

第十条　在进入设备作业期间,严禁同时进行各类与该设备相关的试车、试压或试验工作及活动。

第十一条　对工艺上装催化剂等有特殊要求的进设备作业时,要采取特殊预防措施,按特种进入设备作业管理。

第十二条　凡新建未投产未进过易燃、可燃、有毒物质的地上设备需进入作业时必须遵守高处作业和临时用电及GB 13869—92《用电安全导则》的规定。其中已引进过惰性气体的必须执行GB 8958—88《缺氧危险作业安全规程》的规定。

第十三条　进设备作业的综合安全措施

(一)车间领导指定专人对监护人和作业人员进行必要的安全教育,内容包括所从事作

续表

业的安全知识、作业中可能遇到意外时的处理、救护方法。

(二)对所进设备要切实做好工艺处理,所有与设备相连的管线、阀门必须加盲板断开,并对该设备进行吹扫、蒸煮、置换合格。不得以关闭阀门代替盲板,盲板应挂牌标示。

(三)带有搅拌器等转动部件的设备,必须在停机后切断电源办理停电手续后,在开关上挂“有人检修,禁止合闸”标示牌,并设专人巡检监护。

(四)取样分析要有代表性、全面性。设备容积较大时要对上、中、下各部位取样分析,应保证设备内部任何部位的可燃气体浓度和含氧合格(当可燃气体爆炸极限大于4%时,指标为小于0.5%,爆炸极限小于4%时,指标为小于0.2%;氧含量19.5%～23.5%为合格);有毒有害物质不超过国家规定的“车间空气中有毒物质的最高允许浓度”的指标。设备内温度宜在常温左右,作业期间应每隔四小时取样复查一次(分析结果报出后,样品至少保留4小时),如有1项不合格,应立即停止作业。

(五)进入存有残渣、填料、吸附剂、催化剂、活性炭等设备内工作,监护人必须每半小时用测氧仪、测爆仪检测一次。对进入其他设备内作业,必须每两小时检测一次。

(六)进设备作业,必须遵守动火、临时用电、起重吊装、高处作业等有关安全规定,进设备作业票不能代替上述作业各票,所涉及的其他作业要按有关规定办票。

(七)对盛装过能产生自聚物的设备,作业前必须按有关规定蒸煮并做聚合物加热试验。

(八)设备的出入口内外不得有障碍物,应保证其畅通无阻,便于人员出入和抢救疏散。

(九)进设备作业一般不得使用卷扬机、吊车等运送作业人员,特殊情况需经厂安全监督部门批准。

(十)进入设备作业使用行灯必须符合GB 8958—88《安全电压》的有关规定,其行灯电压不得超过24 V,行灯必须为防爆型并带有金属保护罩;行灯必须由安全隔离电源供电,不得采用自耦式变压器供电。

(十一)进设备作业的人员、工具、材料要登记,作业前后应清点,防止遗留在设备内。

(十二)设备外的现场要配备一定数量符合规定的应急救护器具和灭火器材。

(十三)作业人员进设备前,应首先拟定紧急状况时的外出路线、方法。设备内人员每次作业时间不宜过长,应安排轮换作业或休息。

(十四)为保证设备内空气流通和人员呼吸需要,可采用自然通风,必要时可再采取强制通风方法(不允许通氧气)。在人员进入时,设备入孔必须全部打开,如属卧罐或只有一个人孔的,必须采取强制通风。

(十五)在特殊情况下,要经安全监督部门批准进行特种进入设备作业。作业人员可戴长管面具、空气呼吸器等,但佩戴长管面具时,一定要仔细检查其气密性,同时应防止长管被挤压,吸气口应置于空气新鲜的上风口,并有人监护。

特种进人设备作业包括:

1. 氧含量不足时,执行GB 8958—88《缺氧危险作业安全规程》;

2. 有毒有害物质超标,处理困难,工期所限,非进入不可时;

3. 温度较高时,必须穿戴高温隔热服,并视情况配戴呼吸设备。

续表

(十六)出现有人中毒、窒息的紧急情况,抢救人员必须佩戴空气防护面具进入设备,并至少应有一个在外部做联络工作。 (十七)以上措施如在作业期间发生变化,应立即停止作业,待处理并达到作业的安全条件后,方可再进入设备作业。 第十四条 《进入设备作业票》是进设备作业的依据,不得涂改、代签,要妥善保管,保存期为1年。 第十五条 其他非生产区域的进入设备作业,可参照本规定执行。 第十六条 本规定未尽事宜可参照国家有关标准、制度、法规执行。

3.4.2 改进现场作业

安全生产标准化不仅对安全管理制度、现场作业管理等提出了要求,同时对企业的现场作业环境(厂区环境、车间作业环境、仓库作业场所、生产区域采光、生产设备布局、物料码放、生产区域地面状态、高空作业梯台、厂房建筑、有毒有害作业点治理、防尘防毒等)也都提出了详细的要求。

以定置管理为例,详解企业如何做好现场的定置管理:

定置管理是我国工业企业20世纪80年代从日本学习引进的一种先进管理方法,是对生产现场中的人、物、场所三者之间的关系进行科学的分析研究,使之达到最佳状态的一种科学管理方法。

定置管理是生产现场管理的一个重要组成部分,其主要任务是研究作为生产过程主要要素的人、物、场所三者的相互关系。它通过运用调整生产现场的物品放置位置,处理好人与物、人与场所、物与场所的关系;通过整理,把与生产现场无关的物品消除掉;通过整顿,把生产场所需要的物品放在规定的位置。这种定置要科学合理,实现生产现场的秩序化、文明化。

1. 定置方法

(1)固定位置。即场所固定和物品存放位置固定和物品的信息媒介物固定。这种“三固定”的方法,适用于那些在物流系统中周期性地回归原地,在下一生产活动中重复使用的物品。主要是那些用作加工手段的物品,如工、检、量具、工艺装备、工位器具、运输机械和机床附件等物品。这些物品可以多次参加生产过程,周期性地往返运动。对这类物品适用”三固定”的方法,固定存放位置,使用后要回复到原来的固定地点。例如,模具平时存贮在指定的场所和地点,需用时取来安装在机床上,使用完毕后,从机床上拆卸下来,经过检测、验收后,仍搬回到原处存贮,以备下次再使用。

(2)自由位置。即相对地固定一个存放物品的区域,至于在此区域内的具体放置位置,则根据当时的生产情况及一定的规则来决定。这种方式同上一种相比,在规定区域内有一定的自由,故称自由位置。这种方法适用物流系统中那些不回归、不重复使用的物品,例如原材料、毛坯、零部件、产成品。这些物品的特点是按照工艺流程不停地从上一工序向下一工序流动,一直到最后出厂。所以,对每一个物品(例如零件)来说,在某一工序加工后,除非回原地返修,一般就不再回归到原来的作业场所,对这类物品应采用规定一个较大范围区域的办法来定置。由于这类物品的种类、规格很多，每种的数量有时多，有时少，很难就每种物品规定具体位置。如在制品停放区、零部件检验区等。在这个区域内存放的各个品种的零部件，则根据充分利用空间、便于收发、便于点数等规则来确定具体的存放地点。定置管理的实施，即按照设计要求，对生产现场的材料、机械、操作、方法进行科学的整理和整顿，将所有的物品定位。

2. 定置图绘制原则

(1)现场中的所有物均应绘制在图上。

(2)定置图绘制以简明扼要、完整为原则；物形为大概轮廓，尺寸按比例，相对位置要准确，区域划分清晰鲜明。

(3)生产现场暂时没有，但已定置并决定已制作的物品也应在图中表示出来，准备清理的无用之物不得在图中体现。

(4)定置物可用标准信息符号或自定信息符号进行标准，并均在图上加以说明。

(5)定置图应按定置管理标准的要求绘制，但应随着定置关系的变化而进行修改。

3. 车间场地的定置要求

(1)要有按标准设计的车间定置图。

(2)生产场地、通道、工具箱、交检区、物品存放区，都要有标准的信息显示，如标牌、不同色彩的标志线等。

(3)对易燃、易爆物品、消防设施、有污染的物品，要符合工厂有关特别定置的规定。

(4)要有车间、工段、班组卫生责任区的定置，并设置责任区信息牌。

(5)临时停滞物品区域的定置规定，包括积压的半成品停滞、待安装设备、建筑维修材料等的规定。

(6)垃圾、废品回收点的定置，包括回收箱的分类标志：料头箱(红色)、铝屑箱(黄色)、铁屑箱(黄色)、铜屑箱(黄色)、垃圾箱(白色)、大杂物箱(蓝色)，以上各类箱子有明显的相应标牌信息显示。

(7)按定置图的要求，清除与区域无关的物品。

4. 车间各工序、工位、机台的定置要求

(1)必须有各工序、工位、机台的定置要求。

(2)要有图纸架、工艺文件等资料的定置规定。

(3)有工、卡、量具、仪表、小型工具、工作器具在工序、工位、机台停放的定置要求。

(4)有材料、半成品及工位器具等在工序、工位摆放的数量、方式的定置要求。

(5)附件箱、零件货架的编号必须同零件账、卡、目录相一致，账、卡等信息要有流水号目录。

5. 工具箱的定置要求

(1)必须按标准设计定置图。

(2)工具摆放要严格遵守定置图，不准随便堆放。

(3)定置图及工具卡片，一律贴在工具箱内门壁上。

(4)工具箱的摆放地点要标准化。

(5)同工种、工序的工具摆放要标准化。

6. 库房的定置要求

(1)要设计库房定置总图,按指定的地点定置。

(2)易燃、易爆、易污染、有储存期要求的物品,要按工厂安全定置要求,实行特别定置。

(3)有储存期物品的定置,要求超期物品有单独区域放置;接近超期1～3个月的物品要设置期限标志;在库存报表上对超期物品也要用特定符号表示。

(4)账本前应有序号及物品目录。

(5)特别定置区域,要用标准的信号符号显示。

(6)物品存放的区域、架号、库号,必须同账本的物品目录相一致。

7. 检查现场的定置要求

(1)要有检查现场定置图。

(2)要划分不同区域并用不同颜色标志。

待检区用蓝色、合格区用绿色、返修区用红色、待处理区用黄色、废品区用白色,即"绿色通、红色停、黄色红道行、蓝色没检查、白色不能用"。

(3)小件物品可装在不同颜色的大容器内,以示区别。

8. 定置实施必须做到"有图必有物,有物必有区,有区必挂牌,有牌必分类;按图定置,按类存放,账(图)物一致"

以下为北京市工贸行业安全生产标准化作业现场环境的部分考评要求,详见表3-23至表3-29。

表3-23 厂区环境

序号	考评条款	考评要求	考评方法
1	厂内环境	(1)厂区内实行定置管理:厂区有定置图,对各类厂房建筑、物料堆放点、交通道路等应注明 (2)厂区内按照定置管理的要求实现定置摆放,厂区内无杂物、无图物不符等状况 (3)工业垃圾和生活垃圾分开定点存放,有防吹散、防污染措施 (4)危险固体废料应有专门存放地点,存放点有防渗漏措施,且符合国家规定妥善处理 (5)厂区大门开关灵活、方便、迅速,无卡死现象	
2	厂区道路	(1)厂区双向主干道宽度不小于5 m,单向主干道宽度不小于3 m,且为环形 (2)路面排水良好,路面平整,无台阶、无坑沟,盖板齐全 (3)厂区主干道在平原地区应小于6度,山区应小于8度 (4)厂区大门、危险路段的车速应限制在每小时5 km;人员稠密地段、下坡路、转弯路、交叉路口、装卸作业区限速每小时15 km,并设置限速标志 (5)交叉路口若有视线盲区,应设立反光镜,反光镜无破损,角度和高度应便于观察道路盲区 (6)厂区道路应有明显的人、车分流线,人行道宽度不小于1 m,分流线清晰,宽度大于10 cm	

续表

序号	考评条款	考评要求	考评方法
3	主干道占道率	(1)利用主干道堆放物品或作为停车位置,应划线标出,通行部分宽度不小于5 m (2)不得在转弯处或道路两侧堆放物品或停置车辆 (3)道路施工应有警示牌或护栏,夜间要有红灯警示 (4)厂区主干道占道率应小于道路长度的5% (5)不得将厂区主干道横向全部堵死	
4	厂区照明	(1)照明灯布置合理,无照明盲区 (2)照明灯具完好率达100%	
5	消防设施	(1)室外消防栓应合理配置,低压消防栓布置间距不超过120 m,应沿道路两侧和路口设置,消防栓距路面边不超过2 m,距建筑物外墙不小于5 m (2)有明显的漆色标志,其1 m范围内无障碍物 (3)手提式灭火器的配置数量符合规定 (4)所有消防器材应完好,在有效期限内使用	

表3-24 车间通道

序号	考评条款	考评要求	考评方法
1	平面布置图	应有标明车间安全通道的平面布置图	
2	通道宽度要求	(1)车间通道根据生产要求,宽度标准如下: 通道只行人通道,宽度不小于1 m; 通过电瓶车、叉车的通道,宽度不小于1.8 m; 通行汽车的车间通道,宽度应不小于3 m; 如有铁路线的车间通道,宽度应不小于5 m (2)通道线应明显清晰,宽度不小于10 cm	
3	路面状况	(1)通道路面应平整,无台阶、无坑、沟 (2)无积油、积水,无绊脚物	
4	通道占道率	(1)任何堆放在通道标记线内和压住安全通道标记线的物件,都判定为占道 (2)车间占道率应低于5% (3)不得有物件将通道横向全部堵死	
5	悬挂物防护	(1)车行道上方的悬挂物高度不小于4 m,人行道上方悬挂物高度不小于2.5 m (2)悬挂应牢固可靠	

表 3-25 仓库环境

序号	考评条款	考评要求	考评方法
1	通道要求	(1)仓库通道的宽度应满足以下要求： 车行道宽度不小于 3.5 m 人行道宽度不小于 1 m (2)路面平坦，无积油积水，无绊脚物 (3)占道率应小于 5%	
2	库房采光要求	(1)照明灯具完好率达 100% (2)库房内不得使用移动式照明灯具	
3	电气部分	(1)库房内不得存在临时线 (2)库房内敷设的电气线路必须穿金属管或非燃硬塑料管 (3)每个库房应当在库房外单独安装开关箱 (4)甲、乙类物品和丙类液体库房的电气装置，必须安装防爆型电气装置，储存丙类固体物品的仓库，不得使用碘钨灯或超过 60 瓦以上的白炽灯等高温照明灯具	
4	消防设施	(1)防火制度、消防设施标志、防火标志齐全 (2)按标准配备消防器材的数量和种类 (3)防火通道畅通，无封死和堵塞现象	
5	报警装置	以下仓库应安装火灾报警装置： 1)甲、乙、丙类物品储备库； 2)专业性仓库 3)大型物资仓库 4)耐火等级为三、四级的仓库	
6	物品存放要求	(1)物品应分类存放，定置区域线清晰，数量不超限 (2)物品存放稳妥，便于移动，堆垛高度不得超过 2 m，砂箱、料箱堆放高度不超过 3.5 m (3)物品存放区域一般不超过 100 m^2 (4)垛与垛间距不小于 1 m，剁与墙间距不小于 0.5 m，垛与梁、柱间距不小于 0.3 m	
7	物品包装要求	(1)物品包装应牢固，不得有严重破损、残缺、变形、物品变质、分解等现象 (2)甲、乙类物品的包装应严密，不得有跑、冒、滴、漏现象	

表 3-26 车间内生产区域设备布局

序号	考评条款	考评要求	考评方法
1	大小设备划分	大型设备：占地不小于 12 平方米 中型设备：占地在 6～12 平方米 小型设备：占地在 6 平方米以下	

续表

序号	考评条款	考评要求	考评方法
2	设备布置间距	(1)各类设备布置时,应保留以下距离: 大型设备之间应不小于 2 m 中型设备之间应不小于 1 m 小型设备之间应不小于 0.7 m (2)如设备之间有操作工位,应在上述标准距离之上加上操作空间后划定 (3)如大、小设备同时存在时,大、小设备间距,应按大的尺寸划定	
3	设备与墙、柱间距	(1)各类设备与墙、柱间距: 大型设备不小于 0.9 m 中型设备不小于 0.8 m 小型设备不小于 0.7 m (2)在墙柱与设备之间有人操作,应在上述标准距离之上加上操作空间后划定 (3)设备活动机件达到最大范围不能超出安全通道标记线	
4	操作空间要求	(1)除掉设备间距外,操作者的活动空间应满足: 大型设备不小于 1.1 m 中型设备不小于 0.7 m 小型设备不小于 0.6 m (2)操作位不得设计在安全通道上或跨越安全通道标记线	

表 3-27 作业场所采光照明

序号	考评条款	考评要求	考评方法
1	照度测定	(1)车间建筑平面图、采光窗设置图应齐备 (2)照度检测应由法定职业卫生检测单位或单位自行测定	
2	采光窗安装	(1)厂房跨度大于 12 m,厂房两侧应有采光侧窗 (2)如厂房跨度不足 12 m,但屋架下弦低于 5 m 时,厂房两侧应有采光侧窗 (3)如厂房跨度不足 12 m,屋架下弦高于 5 m 时,厂房单侧应有采光侧窗 (4)多跨厂房相连,边跨厂房跨度大于 12 m,厂房两侧有采光侧窗,相连各跨应有天窗,且跨与跨之间不得有墙封死	
3	混合采光	(1)白天的一般自然采光要符合 GB 50034—92《工业企业照明设计标准》, (2)如自然采光不足时,可用人工照明补充。作业面照度应达到: 一般车间不小于 300LX 精加工车间不小于 500LX 精密车间照度不小于 1000LX (3)90%以上的安全通道的采光应达到以上要求	
4	照明灯具完好率	照明灯具完好率应达到 100%	
5	露天场所	露天作业场所的地面照度应良好	

表 3-28 车间内生产区域地面

序号	考评条款	考评要求	考评方法
1	地面平整要求	地面平坦，不得有高低落差超过 5 cm 的凸凹地面	
2	地面状态	(1)应定期清扫，产生工业垃圾、废积油、积水及时清除 (2)当班存留的工业垃圾、废积油、积水面积不得超过 1 m^2 范围	
3	操作踏板要求	人行通道或工位踏板应齐全完好，牢固可靠，且采取了防滑措施	
4	高于地面的作业平台	在车间内搭建的高于地面的作业平台，应有足够的承重强度和防护栏杆	

表 3-29 职业危害因素

序号	考评条款	考评要求	考评方法
1	生产布局	(1)生产区域布局有害作业与无害作业分开 (2)作业场所与生活场所分开，作业场所不得住人	
2	职业危害防护用品	(1)必须为从业人员提供职业危害防护用品 (2)职业防护用品应符合国家标准、行业标准 (3)应对职业危害防护用品进行经常性维护和保养，确保防护用品有效	
3	职业危害日常监测	(1)应设有专人负责作业场所职业危害因素日常监测 (2)监测结果应当及时向从业人员公布	
4	职业危害检测和评价	(1)应当委托有资质的中介技术服务机构每年至少进行一次职业危害因素检测 (2)每三年委托有资质的中介技术服务机构至少进行一次职业危害现状评价 (3)定期检测和评价过程中，发现职业危害因素强度或浓度不符合国家、行业标准的，应当立即采取措施进行治理 (4)定期检测和评价结果应存入职业危害防治档案 (5)定期检测和评价结果应向从业人员公布	
5	职业危害防护设施	(1)应当设置与职业危害防治工作相适应的防护设施 (2)应当对职业危害防护设施经常性的维护、检修和保养 (3)应定期检测其性能和效果，确保其处于正常状态 (4)不得拆除或者停止使用职业危害防护设施	

复习思考题：

1. 企业安全生产标准化的建设原则有哪些？
2. 企业建设安全生产标准化的具体操作步骤是什么？应注意哪些问题？
3. 企业在建立安全生产标准化的过程中，如何对设备设施的隐患进行排查和治理？
4. 企业在建立安全生产标准化的过程中，如何改进作业环境？
5. 企业在建立安全生产标准化的过程中，如何改进现场作业？

第4章　企业安全生产标准化自评

本章主要内容：

- ◆ 介绍了企业安全生产标准化自评的流程
- ◆ 介绍了企业安全生产标准化自评的方法

学习要求：

- ◆ 熟悉企业安全生产标准化自评的流程
- ◆ 掌握企业安全生产标准化自评的实施

4.1　自评的目的

4.1.1　保障安全生产标准化的正常运行

企业在建立完成安全生产标准化相关管理制度和记录档案之后，进入安全生产标准化的正式运行。在运行过程中，安全生产标准化的管理制度及记录档案能否正确实施，实施的效果如何，是否能达到企业安全生产的目标要求，这就需要企业建立一个自我发现问题、自我完善和自我改进的机制。事实证明，一个缺少监督检查机制的管理体系，既不能保证持续有效运行，也不能持续改进提高。因此，有效的自评是克服组织内部的惰性、促进企业安全生产标准化良性运作的动力。

4.1.2　为复评做准备

在复评之前，企业通过进行自评，对照安全生产标准化考评细则，结合企业安全生产的现实状况，及时发现与安全生产标准化在安全生产管理制度和现场隐患等方面的不符合项，并进行积极组织整改，以便为顺利通过复评扫清障碍，也可减少不必要的经济损失。

4.1.3　企业管理提升的手段

自评是通过企业对安全生产标准化进行的自我评定，进而找出企业在安全生产标准化运行的过程中存在的问题，进而找出改进的途径，可为企业完善其安全生产标准化提供相关依据，从而保证企业的安全生产。因此企业自评不仅为企业的安全生产标准化管理提供了有效的评价，同时也是企业安全生产管理的重要手段。

4.2 自评的组织与实施

自评是由企业组织企业相关人员或聘请相关安全专家以企业名义进行的评审。这种评审是企业建立的一种自我检查、自我完善的持续改进活动,可为规范企业员工安全操作,治理事故隐患,保证企业安全生产提供必要信息,从而保证企业安全生产标准化的正常运行。企业自评的步骤如图 4-1 所示。

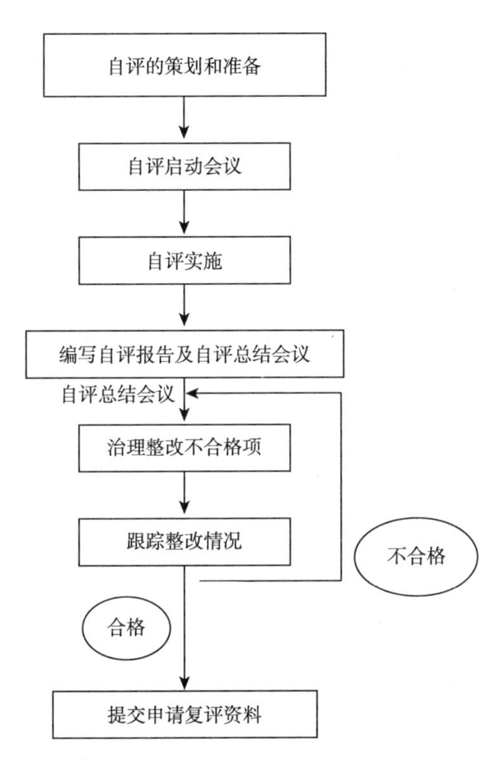

图 4-1 企业安全生产标准化自评步骤图

4.2.1 自评的策划和准备

自评的策划和准备是企业安全生产标准化自评过程中必不可少的重要阶段。其主要包括成立企业安全生产标准化领导小组、确定自评范围、制定自评计划、准备自评工作文件等活动。

企业应成立以企业法人为组长的安全生产标准化领导小组,并根据企业实际情况成立相应的自评小组,同时做好安全生产标准化的宣传工作,通过各种方式宣传安全生产标准化的意义及达标要求和考评细则,使全体员工明确了解通过开展安全生产标准化活动,能进一步强化企业安全生产基础管理,改善企业安全生产条件,提高全员安全生产意识,提高企业员工职业健康水平,从而使企业安全生产工作纳入标准化、制度化、规范化轨道。

(1)组成自评组是自评策划和准备的主要工作之一,企业根据情况任命自评组长,有条件单位可以聘请相应安全机构的安全专家为企业自评把关。自评组由自评组长、自评员、技术专家组成。根据专业情况可具体细分为安全管理制度及文档记录自评组、设备电气自评组、现场防火防爆自评组、职业卫生自评组等，以更专业更具体地对企业进行自评。

自评组在整体上应具备以下能力：

①能够充分、准确地判断企业安全生产标准化相关的安全法律、法规和其他要求的符合性；

②能够准确界定组织的活动领域，确认组织全部活动范围内产生的典型的危险源；

③准确掌握企业安全生产标准化安全方面的特殊性。

（2）确定自评范围的重要性表现在以下几个方面：

①自评准备和实施自评的依据：自评范围确定了自评的内容、场所和工作量，以及平衡自评组成员所要的专业范围；

②向复审机构证明企业符合安全生产标准化管理的依据：作为企业安全生产标准化的复评机构，企业自评范围向其提供了一个具体的管理对象。

（3）制定自评计划：自评计划是确定现场自评的人员、工作时间安排以及自评路线的文件，是指导企业现场自评工作的重要依据。

（4）自评工作文件是指自评员在现场评审中所使用的文件资料、技术指导书、自评检查表和自评记录表单等。企业自评中主要采用安全检查表的方法进行实施，常用的安全检查表形式如表 4-1 所示。

表 4-1　安全检查表示例

安全检查表	
检查项目或部位	
参加检查人员	
检查记录：	
检查结论及整改要求：	

4.2.2　自评启动会议

自评启动会议是自评的序幕，自评启动会议是自评组与本企业领导介绍自评过程的第一次会议。由自评组组长主持，参加会议人员为自评组全体成员，受评部门负责人及管理人员。

自评启动会议应明确以下目的：

（1）确认自评范围、目的和计划，共同认可自评进度表；

（2）简要介绍自评中采用的方法和程序；

（3）确认自评组所需资源与条件；

(4)确认自评总结会议的日期和时间；

(5)促进受评审部门的积极参与。

4.2.3 自评检查

自评人员根据计划进行自评，通过面谈、提问、查阅文件、现场查看、测试等方式来收集客观证据，并记录自评结果，对受评部门做出自评。自评员应对照安全生产标准化的考评要求，通过检查表的方式逐项检查，对数量较多的同类项目可以采取随机抽样的方法进行，保证所抽取样本具有代表性，并认真做好记录。

现场自评后，自评组应对评审所有检查结果，以书面形式列出不符合项，并通知被审部门，以使不符合项得到确认。同时，限定被审部门对不符合项的整改时间，并要求有针对性地展开不符合项的整改活动，以确保整个自评按照计划时间进行。

4.2.4 编写自评报告及自评总结会议

自评组按照安全生产标准化的考核要求对完成对企业的自评检查后，应根据各专业组检查结果统一编写自评报告，自评报告应真实、客观地衡量企业的安全生产管理工作。通过下列方法的运用确保企业安全生产标准化获得的评估结果是一致并且客观的。

(1)将必要的工作分为PDCA(策划、执行、依从、绩效)四个组成部分。

(2)对每一部分设定一个评估要素。

(3)问足够、深入和相关的问题。

(4)量化并记录结果。

评估要素以分数的形式分配给每一元素，然后再将元素分配的分数分配到每一子元素，最后将每一子元素的分数分配到PDCA，将PDCA的得分及每一子元素得分相加，便得到每一子元素和元素的得分。

某企业的安全生产标准化符合性自评部分单元结果示例如下。

1. 目标与承诺

(1)认可项：基本上达到了无重伤以上事故，重伤以上人身事故为零，轻伤事故控制为零，工作现场所有害因素达标率到98%以上，职业病发生率控制为零，设备损坏事故和操作责任事故为零的目标。

(2)改进项：进一步提高安全管理水平，完善安全设施的建设，降低轻伤事故的发生。

2. 安全生产法律法规与其他要求

(1)认可项：企业相关人员需了解国家有关法律、法规、部门规章、行业标准及规范性文件以及企业定期学习相关的法律、法规并组织考核；基本符合《安全生产法》、《矿山安全法》、《劳动法》、《职业病防治法》、《矿山特种作业人员安全资格考核规定》、《工伤保险条例》、《民用爆炸物品管理条例》、《小型露天采石场安全生产暂行规定》、《小型露天采石场推广中深孔爆破开采技术的指导意见》、《金属非金属矿山安全规程》、《爆破安全规程》。

(2)改进项：炸药存储场所不符合《民用爆炸物品管理条例》，容易造成炸药的丢失；矿区没有按照《金属非金属矿山安全规程》进行明显的分层；学习记录不健全。

3. 风险管理

(1)认可项:建立应急救援预案。

(2)改进项:举行应急演练,使工作人员更加熟悉事情发生时应该如何处理。

4. 安全教育与培训

(1)认可项:安全生产教育、培训计划和归档;制定了完善的安全生产教育和培训计划;贯彻落实了"三级"教育制度;建立了从业人员安全教育和培训档案;安全生产教育、培训内容和时间;主要负责人和安全生产管理人员的安全生产知识和管理能力经考核合格;培训内容各类人员培训大纲的规定。

(2)改进项:对新进露天矿的职工进行安全生产教育。

对于不符合项的确定有如下三个原则。

1. 必须以客观事实为基础

判定不符合必须以客观事实为基础,客观事实不能掺杂任何个人的主观因素,也不能掺杂"推理"、"假设"或"想当然"的成分。客观证据包括以下内容。

(1)在文件、记录审阅以及现场观察中发现的客观事实。现场评审发现的不符合事实应请受评审方陪同人员确认,文件、记录中的记载具有可追溯性,现场观察中发现的事实是客观存在的有形证据。对这些事实所做的记录也可作为证据。

(2)现场评审中受评审方对评审员所提出的问题,也可成为客观证据。对于通过面谈取得的信息,应当取得其他事实的证实,避免受评审人员情绪紧张或口误造成回答失误,导致错判。

2. 必须以评审准则为依据

判定不符合项时,一定要以评审准则为依据,不能以评审员个人的任何主观意见或观点作依据。也就是说,评审员开具的不符合项必须在评审标准中找到依据,如果找不到,就不能判为不符合。

3. 评审组内相互沟通,统一意见

企业安全生产标准化体系中存在的问题往往不是孤立的,常常存在相互联系。在形成不符合项之前,需要评审组成员充分讨论,交流情况,相互补充印证。这样才能有利于发现受评审方体系上的问题,避免由于某个评审员个人收集信息的局限所带来的片面性。评审发现最终是否形成不符合项,由评审组长确定。

自评结束后应召开自评总结会议。

(1)自评总结会议由自评组长主持,本企业领导、相关部门及自评组全体成员参加。

(2)会上着重向领导汇报自评结果,使领导能了解目前本企业安全生产标准化的运转情况,并对前一段时间安全生产标准化工作运转做出总结,对改进本企业安全生产标准化工作提出建议。

(3)针对自评中发现的问题和不符合项,按"四定"落实。

4.2.5 治理整改、检查落实

自评组对自评中发现的不符合项编写"不符合项报告"和整改意见。各部门在收到不符合项报告后，应在限定整改时间内落实整改资金和整改责任人，按照自评组的整改意见负责整改措施实施。

自评组应在整改要求的时限内对不符合项的整改情况进行督促检查，确保不符合项能按计划时间整改完毕，不影响自评计划的实施。若受审部门未实施相应的整改措施，自评组人员应向企业领导如实反映，由企业领导责成处理。

1. 整改措施跟踪的目的

(1)促进受评审部门认真分析原因，找出不符合的根源，防止类似事件再次发生，进一步完善企业安全生产标准化，创造良好的运行条件。

(2)使受评审部门按照整改措施计划进行有效的纠正，为过去出现的问题画上句号。

2. 措施制定方面

(1)针对不符合的原因所采取的整改措施是否具有可行性、合理性及有效性。

(2)采取的整改措施是否与不符合项严重程度相适应。

(3)整改措施是否可以防患于未然。

(4)整改措施是否能举一反三，避免同类问题的发生。

3. 实施及效果方面

(1)计划是否按规定日期完成。

(2)计划中的各项措施是否全部完成。

(3)完成后的效果如何，是否有效控制了类似不符合的再次发生。

(4)实施情况是否有记录可查，如为资料验证，则所提交的资料是否充分，已提交资料能否证明整改措施的有效性。

(5)整改措施和实施情况记录是否由不符合的发生部门完成。

(6)评审组针对不符合项进行了以上跟踪验证后，应确认其有效性，在整改措施跟踪报告一栏中注明验证结论并签字。

4.2.6 提交申请复评资料

企业根据自评结果，落实自评不符合项的整改后，经企业安全生产标准化领导小组同意，可向审核公告的安全生产监督管理部门提出书面评审申请。申请的范例见表4-2所示。

表 4-2　书面评审申请范例

企业安全生产标准化

评审申请

申请单位：________________________________

申请行业：________________ 专业：________________

申请性质：________________ 级别：________________

申请日期：______年______月______日

国家安全生产监督管理总局制

续表

<table>
<tr><td colspan="6">一、基本情况表</td></tr>
<tr><td>申请单位</td><td colspan="5"></td></tr>
<tr><td>单位地址</td><td colspan="5"></td></tr>
<tr><td>单位性质</td><td colspan="5"></td></tr>
<tr><td>安全管理机构</td><td colspan="5"></td></tr>
<tr><td>员工总数</td><td>人</td><td>专职安全
管理人员</td><td>人</td><td>特种作业人员</td><td>人</td></tr>
<tr><td>固定资产</td><td colspan="2">万元</td><td>主营业务收入</td><td colspan="2">万元</td></tr>
<tr><td>倒班情况</td><td colspan="2">□有 □没有</td><td>倒班人数
及 方 式</td><td colspan="2"></td></tr>
<tr><td>法定代表人</td><td></td><td>电 话</td><td></td><td>传 真</td><td></td></tr>
<tr><td rowspan="2">联系人</td><td rowspan="2"></td><td>电 话</td><td></td><td>传 真</td><td></td></tr>
<tr><td>手 机</td><td></td><td>电子信箱</td><td></td></tr>
<tr><td colspan="6">本次申请前本专业曾经取得的标准化级别:□一级 □二级 □三级 □无</td></tr>
<tr><td colspan="6">本次申请的专业外,已经取得的企业安全生产标准化专业、级别和时间:</td></tr>
<tr><td colspan="6">如果企业是某企业集团的成员单位,请注明企业集团名称:</td></tr>
<tr><td colspan="6">如果已取得职业健康安全管理体系认证证书,请注明证书名称和发证机构:</td></tr>
</table>

<table>
<tr><td rowspan="10">本企业安全生产标准化自评小组主要成员</td><td></td><td>姓名</td><td>所在部门职务/职称</td><td>电话</td><td>备注</td></tr>
<tr><td>组长</td><td></td><td></td><td></td><td></td></tr>
<tr><td rowspan="8">成员</td><td></td><td></td><td></td><td></td></tr>
<tr><td></td><td></td><td></td><td></td></tr>
<tr><td></td><td></td><td></td><td></td></tr>
<tr><td></td><td></td><td></td><td></td></tr>
<tr><td></td><td></td><td></td><td></td></tr>
<tr><td></td><td></td><td></td><td></td></tr>
<tr><td></td><td></td><td></td><td></td></tr>
<tr><td></td><td></td><td></td><td></td></tr>
</table>

续表

二、企业重要信息表
1. 企业概况：
2. 近三年本企业重伤、死亡或其他重大生产安全事故和职业病的发生情况：
3. 安全管理状况(主要管理措施及主要业绩)：
4. 有无特殊危险区域或限制的情况：

续表

<table>
<tr><td>三、其他事项表</td></tr>
<tr><td>1. 企业是否同意遵守评审要求，并能提供评审所必需的真实信息
□是　□否</td></tr>
<tr><td>2. 企业在提交申请书时，应附以下文件资料：
◇安全生产许可证复印件（未实施安全生产行政许可的行业不需提供）
◇工商营业执照复印件
◇安全生产标准化管理制度清单
◇安全生产组织机构及安全管理人员名录
◇工厂平面布置图
◇重大危险源资料
◇自评报告
◇自评扣分项目汇总表
◇评审需要的其他材料</td></tr>
<tr><td>3. 企业自评得分：</td></tr>
<tr><td>4. 企业自评结论：

法定代表人（签名）：　　　　（申请单位盖章）
年　月　日</td></tr>
<tr><td>5. 上级主管单位意见：

负责人（签名）：　　　　（主管单位盖章）
年　月　日</td></tr>
<tr><td>6. 安全生产监督管理部门意见：

负责人（签名）：　　　　（安监部门盖章）
年　月　日</td></tr>
</table>

续表

申请材料填报说明
1. 申请材料首页“申请单位”填写申请单位名称并加盖申请单位章。 2.“申请行业”按本考评办法第二条的行业分类填写。“专业”按行业所属专业填写，有专业安全生产标准化标准的，按标准确定的专业填写，如“冶金”行业中的“炼钢”、轧钢专业，“建材”行业中的“水泥”专业，“有色”行业中的“电解铝”、“氧化铝”专业等。 3.“申请性质”为“初次评审”或“延期”。“级别”为“一级”或“二级”、“三级”。 4.“单位性质”按照营业执照登记的内容填写。 5.“本次申请的专业外，已经取得的企业安全生产标准化专业级别和时间”按“专业”、“级别”和证书颁发时间填写已经取得的所有专业的最高级别，如“冶金，一级，2010 年 3 月 5 日”。 6. 没有上级主管单位的，“上级主管单位意见”不填。 7.“重大危险源资料”附经过备案的重大危险源登记表复印件。 评审、报告：安全生产监督管理部门收到申请后，经初审符合申请条件，通知评审单位按照相关评定标准的要求进行评审。评审完成后，评审单位向审核公告的安全生产监督管理部门提交评审报告。 评审工作应在收到通知之日起三个月内完成(不含企业整改时间)。

4.3 自评的方法

4.3.1 自评方式

自评方式是指总体上如何进行自评的方式，概括起来有四种：按部门自评，按要素自评，顺向追踪，逆向追溯。根据经验，目前常用的主要是按部门自评和按要素自评两种。在这两种自评方式中，有时也根据自评内容的需要适当穿插顺向追踪和逆向追溯的自评方式。在实际自评中，这四种自评方式并非单独或平行使用，往往是两两结合使用。例如：部门自评和顺向追踪方式；部门自评和逆向追溯的方式；要素自评与顺向追溯的方式；要素自评与逆向追溯的方式。在实际自评中根据不同的自评对象，采用交叉自评方法的企业也是常见的。

下面介绍两种主要的自评方式的内涵。

1. 按部门自评

这种方式是以部门为中心进行自评。一个部门往往承担若干要素的职能，因此自评时应以安全生产标准化管理制度为主线，针对与部门有关的要素进行自评。不可能也没必要把每个部门有关的所有要素都查到，但不能遗漏主要的安全生产标准化要素的职能。在按部门自评的计划表中，日程体现了以部门为主线，对各部门相关要素进行自评的思路。进行自评时，可以运用顺向追踪，即按照企业安全生产标准化运行的顺序进行自评。如从文件内容查到实施情况，从生产制造过程中的第一道工序到最后一道工序(不是逐道工序查证，而是抽样)，从不可容许风险查到其影响，从企业领导查到基层员工(即通过与上层管理者交谈过的信息，再逐级追踪，最后得到证实)。

2. 按要素自评

这种方式是以要素为中心进行自评。在按要素进行自评的自评计划中，评审一个要素往往涉及两个以上的部门，往往要到不同部门去评审才能达到此要素的要求。在评审中可以运用逆向追溯或顺向追踪。逆向追溯即按照企业安全生产标准化运行的反方向进行自评。如从实施情况查到文件，从后面的工序查到前面的工序，从影响查到不可容许风险，从员工的安全意识查到上级领导的决策。

这几种方式中，最常用到的是部门自评，但这种方式在实施中有较大难度，因为一个部门往往有多项职能，涉及多种要素，在自评中需要捕捉或抽取一个部门多种安全生产标准化活动的样本，比较分散，因此自评员必须事先准备好自评检查表，不要忽略任何一项主要职能和安全生产管理活动，并注意从多方面收集事实，做好记录。

此外，还有以危险源为主线的自评方式。这种自评方式以某些不可容许风险作为自评线索，贯穿全部体系要素，通过自评不可容许风险的管理方案、控制程序、运行状况、控制状况及其结果，将不可容许风险与企业安全生产标准化各要素有机连接起来，最终综合自评发现，对企业安全生产标准化作出总体评价。

4.3.2 自评方法

常用的自评方法有以下四种：

1. 从链条切入查验取证

企业自评员在组织本企业安全生产标准化建设过程中，应按照《评审标准》中的“机构和职责”第二A级要素的方针目标、负责人、职责、机构和投入方面(B级要素)，形成“量化分解、年度计划、鉴定考核、负责人承诺、二级三员职责、机构设置、人员配置、四级管理网络、从业学历经历资格、安全投入落实”的达标链，并逐项查验取证该企业在机构和职责要素上的达标程度。

2. 从制度切入查看执行

企业自评员在依据《评审标准》中的“法律法规、标准”第一A级要素，首先从企业是否建立识别、获取、评审、更新安全生产法律法规、标准的管理制度入手，查看企业各职能部门和基层单位是否定期识别和获取本部门适用的安全生产法律法规与标准要求，并由主管部门汇总、发布清单。再看是否及时将识别和获取的安全生产法律法规、标准融入到企业安全生产管理制度当中，将适用的安全生产法律法规、标准要求及时传达给从业人员，并进行相关培训和考核。

3. 从台账切入引申查核

企业自评员可通过安全培训教育台账的统计数据，查核企业负责人和安全管理人员、从业人员、特种作业人员的培训教育情况，重点查看资格证书，每年有多少人在训、有多少人复训，并看是否参加复训，企业三级培训教育的人员、时间、内容是否落实到位等。再比如，依据企业当年第二季度隐患排查治理数据统计，查有无制定隐患排查工作方案，明确排查的目的、范围、方法和要求等，看是否按照方案进行隐患排查工作。重点看一般隐患是多少，整改率多少，效果如何，特别注意查看重大隐患有多少，如果有的话，要重点验证隐患治理“五落实”情况，对重大隐患是否进行分析评估，确定隐患等级，登记建档等情况。

4. 从档案切入验证管理

企业应按13个A级要素建立安全生产标准化管理档案，有利于企业自评员从管理档案中索取相关的文件资料，验证某要素是否实行闭环管理，重点看资料的可追溯性，同时验证现场管理的真实性。

企业安全生产标准化的自评方法通常有三种，即：提问与交谈，查阅文件和记录，现场观察和测试。

应用上述方法应掌握如下技巧。

1. 要善于提问和交谈

自评员基本上按检查表组织提问，但应组织得自然和谐，切忌生硬刻板。自评员的耐心、礼貌和保持微笑有助于克服受自评方部门代表的畏怯和胆怯心理。自评员可以就同一问题提问不同的人员，或与被提问者作简要交谈，获得可观的答案，或弄清答案不一致性的原因。

2. 要注意倾听

自评员要注意听取谈话对象的回答，并作出适当的反应。首先必须对回答表现出兴趣，保持视线接触，用适当的口头认可的话语表面自己的理解。谈话时应注意观察回答者的表情。当受审方误解了问题或答非所问时，自评员应客气地加以引导，而不是粗暴打断。

3. 要仔细观察和查阅

自评员要仔细观察现场不可容许风险和控制的运行状况，查阅有关的记录，如危险源辨识和评价记录、法律法规辨别和等级记录、目标指标与企业安全生产标准化安全管理方案实施与完成记录、运行控制记录、监控记录、培训记录、不符合与纠正措施记录等。要善于从众多的记录中选取有代表性的样本。当发现问题时要进行深入检查以确定客观证据。客观证据是指建立在通过观察、测量、试验或其他手段所获事实的基础上，证明是真实的信息。自评员获取客观证据，要通过反复求证弄清不符合事实，并作登记。

4. 记录要证据确切

自评员必须“口问手写”，对调查获取的信息、证据做好记录。记录应全面，包括有效实施的记录和不符合记录。所作记录包括时间、地点、人物、事实描述、凭证材料、涉及文件、各种标识等。这些信息均应字迹清楚、准确具体、易于再查。很显然，只有完整、准确的信息才能做出正确的判断。

5. 要善于追踪验证

自评员必须善于比较、追踪不同来源所获取的对同一问题的信息，从差别中判断运行状况；必须善于追踪记录与文件、记录与现状的符合情况，并做出结论；必须善于追踪企业安全生产标准化某一组成部分的来龙去脉，发现问题，获取客观证据，而不是轻信口头答复。

6. 通过标准化要素覆盖，查证支撑主轴管理程度

企业自评员通过对企业安全生产“源头管理、过程管理、结果管理”三个支撑管理要素的达标建设，重点查证企业以日常隐患排查治理为基础，从危险源辨识输入，科学研究确定管理方案目标，有效强化运行控制和应急响应管理，适时开展安全检查绩效的输出主轴运行，自评企业的整体标准化管理水平，确定企业安全生产标准化要素支撑主轴管理的受控程度。

7. 通过检查自评，建立企业三级监控机制

自评员要从企业的第一级自我发现监控机制（与安全检查配套）、第二级自我纠正监控机制（与企业自评配套）和第三级自我完善监控机制（与管理评审配套）建立，看企业“自我发现、自我纠正、自我完善”的安全生产标准化三级监控运行能力，全面把握企业安全生产标准化管理系统的运行状态。

4.3.3 自评注意事项

1. 找准切入点，综合提高企业自评工作质量

自评员要把握以下四个切入点开展综合自评活动：一是找准班组岗位安全管理基础点，二是瞄准标准化各要素管理输入（出）点，三是对准标准化主轴管理支撑点，四是确定主要装置部位的关键点。

2. 分层分线管，覆盖企业安全生产标准化建设面

自评员在组织安全生产标准化达标自评时，要按照企业领导决策层、部门管理层、班组执行层三个层面进行自评。同时，要考虑从企业资源管理、生产装置、安全设施、检测检验、仓库储存等专业分线进行自评，实现全面系统的衡量企业安全生产标准化达标程度。

3. 重岗位达标，全面做好“点面”融合管理

企业安全生产标准化建设基础是岗位达标。那么，企业自评员应重点从岗位操作工的安全生产“承诺、应知、排查、处置”四个方面的“点”管理，有机融合于班组安全生产“强（意识）、守（纪律）、严（操作）、会（处置）”四字管理建设之中，这样更能融合于企业安全生产“PDCA”动态循环管理。

4. 以隐患排查为基础，侧重抓好危险源辨识输入管理

企业的整个安全生产标准化建设，是以隐患排查治理为基础，从各个危险源的输入开始，科学研究制定管理方案目标，突出运行控制和应急响应管理，并对实现目标、运行控制和应急响应管理绩效进行检查输出，实现系统管理。

5. 通过标准化要素细化，分解到企业各职能部门

根据企业安全生产标准化管理网络，将13个A级要素细化分解到各个职能部门，形成全员参与的标准化管理格局。从企业管理角度一般分为：领导决策层、部门管理层、班组执行层“三个管理层面”，这三个层面能够充分反映企业安全生产标准化建设水平，决定企业安全生产标准化达标创建成败与否。

4.3.4 自评活动的控制

1. 按自评计划实施自评

自评活动的控制首先是对自评计划的控制。这是自评组组长和自评组成员的共同责任。

通常情况下,现场自评工作应按计划执行。但在自评过程中,也可能会遇到原来没有预料到的情况,这时应及时调整自评计划。

保证自评按计划实施的关键,是掌握每个部门的自评时间。自评员要注意掌握时间,不要偏离自评线索。一旦出现了对方回答问题超时的现象,自评员要有礼貌地加以提醒,并适时转入下一个问题。

自评员控制自评计划的有效方法就是充分利用自评检查表。这需要根据在该部门所应花费的总时间,掌握每个问题应占的时间长短。对于所指定的自评计划,在实际自评中确实存在某些不周密而需要调整时,经过双方同意,做必要的调整也是允许的,但总的自评天数一般情况下不宜变更。

2. 要合理地选择样本

虽然企业安全生产标准化要覆盖13个要素和组织有关的部门,但绝不是要求在每个部门都要自评13个要素,也不需要自评该部门的所有现场,更不能要求检查所有有关记录。因此,要通过合理的样本选择实施自评,以保证自评的系统性和完整性。

选择样本应注意控制以下要点。

(1)多现场抽查的代表性

当一个组织有几个相似的现场,可以对有相似的危险源,并在相同的行政管理机构控制下运行的现场进行抽样评审。自评时,确定有代表性的评审现场应考虑下列因素:

①管理评审的结果;

②体系的成熟度;

③现场规模的差别;

④体系的复杂性;

⑤分班工作情况;

⑥工作作业的差别;

⑦从事活动的差别;

⑧职能的重复性;

⑨组织人员在各个现场的分布情况;

⑩危险源及相关影响的程度;

⑪不同法律法规的要求;

⑫相关方的意见。

(2)要做到随机抽样

例如,一个炼铁厂有多座高炉现场,在一个电视机装配车间有多条装配线,在工艺流程相似和危险源基本一致的情况下,自评员可以抽取若干座高炉,若干条装配线做评审,以核查这类现场的管理水平。

选取哪座高炉或装配线去评审,不要事先通知受评审方,而是临时抽取,这样更有代表性。

4.4 自评表格与自评报告示例

表4-3为XX市安全生产标准企业自评部分样板。

表4-3 XX市安全生产标准化企业自评汇总表

序号	项目名称		拥有数量	不合格数量	应得分	实得分	备注
1	安全生产责任制度26分	主要负责人			4		
		主管安全负责人			4		
		主管技术负责人			2		
		主管财务负责人			2		
		职能部门			8		
		安全管理人员—中、基层人员			6		
		合计			26		
2	安全生产规章制度12分	12项制度			4		
		文本要求			2		
		效果评价			6		
		合计			12		
3	安全生产管理机构或人员12分	安全生产委员会			4		
		安全生产管理机构或人员			4		
		安全生产基层管理人员			4		
		合计			12		

自评报告形式可参考表4-4。

表4-4 自评报告样板

<table>
<tr><td>企业名称</td><td colspan="3"></td></tr>
<tr><td>自评组长</td><td></td><td>成员</td><td></td></tr>
<tr><td>自评日期</td><td colspan="3"></td></tr>
<tr><td colspan="4">企业自评情况概述</td></tr>
<tr><td colspan="4">为了贯彻执行《国务院关于进一步加强安全生产工作的决定》，加强企业安全质量标准化建设。集团专门成立了以董事长为组长，以总经理、主管安全副总为副组长，各职能部门领导为成员的创建安全生产标准化工作领导小组，同时根据安全生产标准化的要求成立了五个专业组，负责公司各项职业安全健康管理工作。</td></tr>
</table>

续表

开展安全生产标准化以来，集团领导高度重视，首先组织召开了有关管理人员的推进大会，从何谓安全生产标准化，为何要开展安全生产标准化，到如何推进安全生产标准化，作了详细的讲解，同时制定了具体的安全生产标准化实施方案，以及对各个小组的专业内容都做了非常详细的分工，并按计划每周召开一次小组会，检查落实完成情况。其次，市安监局领导、县质监局领导和安全生产有关专家多次亲临现场对公司工作进行咨询和指导，并会同五个专业组按照标准化内容查问题排隐患，累计排查安全隐患20多项，同时制定出整改措施和整改计划，定人、定时进行整改，经过几个反复整改过程，问题上得到解决，在整改过程中公司先后投入整改资金35万余元。有力地促进了安全生产标准化工作的深入开展，使公司的安全管理工作得到了进一步提高。在相关领导的指导下，我公司对安全工作中存在的问题做了如下整改。 (1)基础管理：建立健全各项规章制度，深化了员工安全健康教育，加强了职业卫生监察力度。 (2)热工燃爆：对库房的易燃易爆品进行了分离。 (3)电气部分：对配电箱(柜)配置了系统图，加强了对电动设备、电焊机、手持电动工具、移动电气设备等定期监测记录。 (4)机械部分：进一步完善了机械设备安全防护装置，如起重设备各部位的限位装置等。 (5)作业环境与职业健康：对厂区、车间的作业环境进行彻底规划改造，实施全员奉献、全员参与。 通过开展安全生产标准化工作，集团安全管理的理念、方法得到了改变，使集团安全生产更加规范化、制度化、标准化，使集团安全生产上了一个新台阶。今后我们将以务实的态度、扎实认真的工作作风，不断改进安全管理工作中的新问题，巩固和提高安全生产标准化的成果。

复习思考题：

1. 企业进行安全生产标准化自评的目的是什么？
2. 企业进行安全生产标准化自评的组织与实施的步骤有哪些？
3. 试描述企业进行安全生产标准化自评的方法。
4. 企业如何编制安全生产标准化自评报告？

第5章　安全生产标准化评审与监督

本章主要内容：

◆ 介绍了企业安全生产标准化评审的管理

◆ 介绍了企业安全生产标准化评审的实施

学习要求：

◆ 熟悉企业安全生产标准化评审管理

◆ 了解企业安全生产标准化评审程序

5.1　安全生产标准化的评审管理

5.1.1　二、三级企业评审指导

《国务院安委会关于深入开展企业安全生产标准化建设的指导意见》(安委〔2011〕4号)中明确“二级、三级企业的评审、公告、授牌等具体办法，由省级有关部门制定”。要实现“冶金、机械等工贸行业(领域)规模以上企业要在2013年底前，冶金、机械等工贸行业(领域)规模以下企业要在2015年前实现达标”的目标，存在二级、三级申请企业基数大、任务重的工作局面。各地要统筹兼顾，在全面推动建设工作的前提下，合理安排达标进度。适度将评审权限下发到基层安全监管部门，充分发挥县级安全监管部门的工作效能。

由于企业数量众多，各地要规范二三级评审单位的评审行为。重点做好对安全生产标准化二级达标企业评审过程及结果的抽查和考核工作，保证企业建设和外部评审的工作质量；安全生产标准化三级企业的评审，要充分发挥和调动市级安全监管部门工作的主动性和创新性，可以采取企业自查自评，安全监管部门组织有关人员抽查的方式进行，提高评审效率，解决达标企业数量多、评审时间长、评审费用多等问题。

各级安全监管部门要针对小微企业无法达到三级企业标准的状况，在制定小微企业达标标准的前提下，将达标推进任务下放到县级安全监管部门，创新方式方法，以企业自查自评为主，安全监管部门抽查为辅，全面推进安全生产标准化达标建设工作。

5.1.2　评审相关单位和人员管理

评审组织单位、评审单位和评审人员是企业安全生产标准化建设过程的重要组成部分，其工作内容、质量事关建设工作的成效。因此评审组织单位、评审单位、评审人员要按照“服务企业、公正自律、确保质量、力求实效”的原则开展工作，为提高企业安全管理水平，推动企业安全生产标准化建设做出贡献。

1. 评审组织单位管理

评审组织单位的职责是统一负责工贸行业企业安全生产标准化建设评审组织工作，由各级安全监管部门考核确定。因此各地要严格甄选评审组织单位，可选择行业协会、所属事业单位等，或由安全监管部门直接承担评审组织职能。评审组织单位在承担安全生产标准化相关组织工作中不得收取任何费用。

评审组织单位应制定与安全监管部门、评审单位衔接的评审组织工作程序。工作程序中应明确初审企业申请材料、报送安全监管部门核准申请、通知评审单位评审、审核评审报告、报送安全监管部门核准报告、颁发证书和牌匾等环节的工作程序，并形成文件，实现评审组织工作程序规范化；建立评审档案管理制度并做好档案管理工作；做好评审人员培训、考核与管理工作，建立相关行业安全生产标准化评审人员信息库，做好评审人员档案管理工作。

评审组织单位应对评审单位的评审收费行为进行统一管理。按照"保本微利"、不增加企业负担的原则，通过"行业自律"的方式，指导评审单位在评审可参照职业安全健康管理体系评审、安全评价等收费标准，引导评审单位进行评审收费。同时对评审单位收费行为进行监督，一旦发现违法违规乱收费等行为，报请安全监管部门取消其评审单位的资格。

评审组织单位要着力培养工作人员全局意识和敬业精神。从全局出发，认识自身所承担工作的重要意义，结合安全生产工作的中心工作和主要任务，不断提升专业业务水平，更好地为申请企业和评审单位提供指导和服务。

2. 评审单位管理

安全监管部门对评审单位的认定，可优先考虑行业协会、科研院所、大专院校及中介机构等。在满足评审工作需求的前提下，控制评审单位数量，避免出现过多过滥等现象。评审单位不得因评审收费等问题造成恶性竞争。

评审单位要通过外部、内部培训等方式，加强评审员业务培训，不断提高整体素质和业务水平，使其真正理解和掌握安全生产标准化的内涵。积极服务于企业安全生产工作，从减轻企业负担出发，帮助企业开展隐患排查和治理，消除事故隐患，为推动和规范企业安全生产标准化建设积极献计献策。

3. 评审人员管理

各地要做好各级评审人员的管理工作。充分发挥本地区注册安全工程师、相关行业技术专家的作用，加大安全生产标准化培训力度，使其成为合格的安全生产标准化评审人员，避免由于评审人员对安全生产标准化运行理解不准确，造成对企业的误导。建立各行业安全生产标准化评审专家库，调动评审专家的积极性，充分发挥其现场工作经验。

5.2 企业安全生产标准化评审申请

5.2.1 申请安全生产标准化评审的企业必备条件

(1)设立有安全生产行政许可的，已依法取得国家规定的相应安全生产行政许可。

(2)申请一级企业的,应为大型企业集团、上市公司或行业领先企业。申请评审之日前一年内,大型企业集团、上市集团公司未发生较大以上生产安全事故,集团所属成员企业90%以上无死亡生产安全事故;上市公司或行业领先企业(指单个独立法人企业)无死亡生产安全事故。

(3)申请二级企业的,申请评审之日前一年内,大型企业集团、上市集团公司未发生较大以上生产安全事故,集团所属成员企业80%以上无死亡生产安全事故;企业死亡人员未超过1人。

(4)申请三级企业的,申请评审之日前一年内生产安全事故累计死亡人员未超过2人。

5.2.2 考评程序

安全生产标准化考评程序如下。

(1)企业自评:企业成立自评机构,按照评定标准的要求进行自评,形成自评报告。

(2)申请评审:企业根据自评报告结果,经相应的安全生产监督管理部门同意后,提出书面评审申请。

申请安全生产标准化一级企业的,经所在地的省级安全监管部门同意后,向一级企业评审组织单位提出申请;申请安全生产标准化二级企业的,经所在地的地市级安全监管部门同意后,向所在地的省级安全监管部门或二级企业评审组织单位提出申请;申请安全生产标准化三级企业的,经所在地的县级(市、区、盟)安全生产监督管理部门同意后,向所在地的地市级安全监管部门或三级企业评审组织单位提出申请。

评审组织单位收到相应安全监管部门同意的企业申请后,应在十个工作日内完成对申请材料的合规性审查工作。文件、材料符合要求的,评审组织单位对申请进行初步审查,报请审核公告的安全生产监督管理部门核准同意后,在相应评审业务范围内的评审单位名录中通过随机方式选择评审单位,将申请材料转交评审单位开展评审工作;不符合申请要求的,评审组织单位函告相应的安全监管部门和申请企业,并说明原因。

(3)评审与报告:评审单位收到评审组织单位授权和转交的申请材料后,应及时与申请企业确定现场评审时间,并签订技术服务合同,函告申请企业,明确评审对象、范围以及双方权利、义务和责任等。

现场评审时,按照申请企业评审的评定标准的管理、技术、工艺等要求,配足相应的评审人员,组成评审组。评审组至少由5名以上评审人员组成,其中包括由评审组织单位备案的评审专家至少2名,现场评审按照要求分为管理、工艺及设备3个小组;指定有经验的评审员担任评审组长,全面负责现场评审工作;现场评审采用资料核对、人员询问、现场考核和查证的方法进行;现场评审完成后,评审组向申请企业出具现场评审结论,并对发现的问题提出整改完成时间,评审组全体成员须在现场评审结论上签字。

评审结果未达到企业申请等级的,经评审组织单位与申请企业同意,限期整改后重审;或根据评审实际达到的等级,向相应的安全生产监督管理部门申请审核。

评审工作应在收到评审通知之日起三个月内完成(不含企业整改时间)。

申请企业整改完成后,评审单位依据整改情况实际需要,进行现场或整改报告复核,确认其整改效果。若整改符合相关要求,评审单位形成评审报告,由评审单位主要负责人审核后,向评审组织单位提交评审报告、评审工作结束、评审结论原件、评审得分表、评审人员信息等相关材料。

5.3 安全生产标准化评审

5.3.1 评审目的

评审是由独立于受评方且不受其经济利益制约或不存在行政隶属关系的第三方机构依据特定的评审准则，按规定的程序和方法对受评方进行的评审。

安全生产监督管理部门收到申请后，经初审符合申请条件，通知评审单位按照相关评定标准的要求进行评审。

在评审中，由国家认可的机构依据认证制度的要求实施的以认证为目的的评审。

评审的目的包括以下内容。

1. 向外界展示企业的安全生产标准化是符合要求的

通过评审方评审，为受评方提供符合性的客观证明和书面保证，向所有相关方证明企业的安全生产标准化是符合规定要求的。这样可以为企业在社会上树立良好的形象，使企业在市场上更具有竞争力。

2. 实施、保持和企业的安全生产标准化

通过评审方的评审和年度的监督评审，促使企业坚持按照标准保持体系有效运行，并可借助评审专家的经验和专长，进一步改进和完善企业的安全生产标准化。

5.3.2 评审程序

(1)评审单位收到评审组织单位授权和转交的申请材料后，根据申请材料，确定评审范围，与申请企业联系，在双方协商一致后，签订技术服务合同，确认现场评审时间。

(2)根据企业规模、工艺特点等，组建评审组，并指定一名评审员任评审组领队，全面负责本次现场评审涉及的相关工作。评审组由5名以上评审员和评审专家构成，评审专家为评审组织单位备案的、适合本次评审工作的人员，并指定一名评审专家任评审组组长，全面负责技术工作。

(3)准备相关材料。评审组需准备好和现场评审相关的文件及表格等。通知企业提前准备好评审所涉及的全部要素的支撑性材料。提前发给企业，由企业确认后盖章签字，并在首次会议上由企业主要负责人宣读。

(4)函告申请企业，包括现场评审时间、评审内容、评审组人员组成等。接受现场评审企业应作出声明，保证所提供材料是真实、可靠的。具体形式参照表5-1。

表 5-1 接受评审企业声明

在(填写申请单位名称)(填写行业)企业安全生产标准化建设、申请和评审过程中严格遵守国家关于(填写行业)安全生产标准化考评的相关规定,保证提供的所有申请材料和现场资料真实、可靠,自愿接受评审组现场评审。 承诺人: 年 月 日

5.3.3 现场评审步骤

1. 工作程序

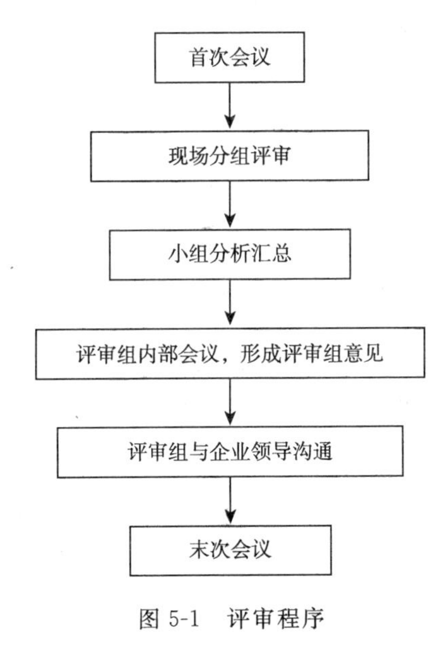

图 5-1 评审程序

2. 要求

(1)首次会议

首次会议的内容主要介绍现场评审的目的、依据、介绍评审组成员,介绍参加现场评审的国家、省、市安全监管部门代表、听取企业安全生产标准情况的介绍、确定现场评审的方法与具体安排等。因此,要求评审全体成员和企业主要领导和相关人员必须参加。表 5-2 为某公司首次会议议程,表 5-3 为该企业参评安全生产标准化条件的重申与确定。

表 5-2　评审首次会议议程

评审首次会议议程
首次会议是评审第一项工作，所有参加会议人员必须签到。会议由评审组领队（评审单位的评审员）主持。会议程序如下： 一、宣布首次会议开始 二、介绍评审组组长及成员 三、介绍参会的国家、省和市三级安全生产监督管理部门的代表 四、介绍企业及上级单位的参会领导及成员，企业领导致辞 五、企业参评安全生产标准化条件重申与确定 六、介绍国家安全监管总局关于企业安全生产标准化的有关规定、政策以及此次评审的目的、范围和依据 七、宣读企业承诺声明 八、宣读评审组人员公正、保密性承诺 九、宣读评审单位保密承诺 十、企业汇报安全生产标准化建设情况和考核期内安全生产绩效 十一、专家以及国家、省和市三级安全监管局领导和代表提问与咨询 十二、国家、省和市三级安全监管部门领导讲话 十三、评审组组长介绍现场评审分工、评审方法和相关安排 十四、确定国家、省、市三级安全监管部门人员在现场评审中的参与情况 十五、企业陪同人员名单并确定联系人 十六、首次会议结束，开始进行现场评审

表 5-3　企业参评安全生产标准化条件重申与确定

申请（行业）安全生产标准化一级企业现场评审条件重申及确认
按照（文件名称及文号）中的考评办法规定，（行业）安全生产标准化一级企业申请条件为：（文件内容）。根据（申请单位名称）自评报告内容：考核年度内（安全绩效情况）、自评分数（分值），符合申请（行业）安全生产标准化一级企业现场评审条件。 宣读完毕。 企业负责人签字： 年　　月　　日

（2）现场分组考评

根据企业具体情况，将评审组按照专业分为若干个小组进行分组现场评审，每小组至少有一名与评审工作的专业相适应的评审员或评审专家，并确定各小组组长。企业应为每个评审小组均配备专业技术过硬人员全程陪同，负责解释相关问题。

评审组人员及评审单位应对受评审单位的有关情况进行保密承诺。表 5-4、表 5-5 为一个保密承诺样本。

表 5-4 评审组人员保密承诺

<table>
<tr><td>
现场评审组人员公正、保密承诺

接受现场评审企业名称：
现场评审日期： 年 月 — 月 日
现场评审组全体成员承诺：
坚持客观、公正、负责、缜密的工作态度，严格按照（文件名称及文号）进行现场评审，实事求是，准确记录，认真履行评审职责，严守企业秘密，为企业提供优质服务。

评审组 组长签字：
评审组 成员签字：

承诺日期： 年 月 日

注：1. 全体成员签字
2. 本承诺在首次会议上宣读后交企业留存
</td></tr>
</table>

表 5-5 评审单位保密承诺

<table>
<tr><td>
评审单位保密承诺

接受现场评审企业名称：

根据贵厂申请，（评审单位名称）对贵厂申报安全生产标准化一级企业进行现场评审，现郑重承诺：
严格遵守保密工作制度，妥善保存企业申请材料和现场评审资料，为企业保守技术、商业秘密，维护企业合法权益。

年 月 日

注：本保密承诺在现场评审首次会议上宣读后交接受现场评审企业留存
</td></tr>
</table>

（3）评审组内部会议

现场分组评审结束后，评审组需要独立召开内部会议。各小组召开碰头会，完成小组评审意见；各小组将意见汇总后，对照适用的相关行业安全生产标准化评定标准及有关规定，对给分点、扣分点、不符合项等进行汇总，形成一致的、公正客观的组长分意见，并给出现场评审结论和等级推荐意见。因此，企业必须为评审组提供独立的会议场所。

（4）专家组与企业领导沟通

在评审组内部会议形成了现场评审结论后、末次会议前，根据需要，评审组就现场评审结论与企业领导进行沟通。

若在现场评审中发现存在的较大原则性问题而导致无法通过现场评审时，由评审组领队及组长与接收评审企业主要领导充分沟通，达成一致意见。

(5)末次会议

末次会议主要是由各小组组长宣布小组评审意见及评审组组长宣读现场评审结论以及下一步工作安排。因此，参加首次会议的人员应全部参加。宣读现场评审结论后，与企业确定整改日期和整改后的验证方式，表 5-6 为一个末次流程样本。

表 5-6　末次会议议程

现场评审末次会议议程
末次会议是现场评审工作的最后程序，参加首次会议的所有人员都应参加并签到。会议议程如下： 一、主持人宣布末次会议开始，并对现场评审工作进行简短总结 二、现场评审小组分别汇报各小组评审结论和意见 三、评审组长宣布现场评审结论、意见和建议 四、现场评审企业领导发言 五、主持人宣布末次会议结束，现场评审工作完成

5.3.4　后续活动的实施

评审单位与申请单位约定现场评审中发现的问题的整改完成时间，其中所发现问题应包括各小组的全部意见，重点关注评审组意见。申请单位整改完成后，通知评审单位，由评审单位进行复审。若通过文字和图片形式可验证整改效果的，可将整改材料报送评审单位，进行材料复审；若需进行现场验证的，由评审单位组织 1～2 名评审人员进行现场验证。通过现场验证的，将验证情况报评审单位；若整改不合格的，则要求申请单位继续整改，直至通过现场验证。

5.3.5　评审报告的编制与提交

现场评审结束后，由评审单位形成评审报告，由评审单位主要负责人审核后，向评审组织单位提交评审报告、现场评审结论原件、评审得分表、评审人员信息等相关材料。

评审单位提交的评审报告，内容包括：

(1)评审组组长及成员姓名、资格；

(2)评审日期；

(3)申请企业的名称、地址和邮编编码，联系人；

(4)评审的目的、范围和依据；

(5)文件评审综述；

(6)现场评审综述；

(7)得分情况说明、扣分点、整改措施、验证方式及综述；

(8)现场评审结果和等级推荐意见；

(9)其他需说明的问题。

5.3.6　审核、公告

审核公告的安全生产监督管理部门对评审单位提交的评审报告进行审核，符合标准的企业予以公告;对不符合标准的企业,书面通知申请企业和评审单位,并说明理由。

评审结果未达到企业申请等级的,经申请企业同意,受理申请的安全生产监督管理部门根据评审实际达到的等级,将申请、评审材料转交对应的安全生产监督管理部门审核公告。

安全生产标准化一级企业评审单位由国家安全生产监督管理总局确定,二、三级企业评审单位由省级安全生产监督管理部门确定。

5.3.7 颁发证书、牌匾

经公告的企业,由审核公告的安全生产监督管理部门或评审单位颁发相应级别的安全生产标准化证书和牌匾。证书、牌匾由安全生产监督管理总局统一监制。证书样式见图 5-2,牌匾样式见图 5-3。

图 5-2 企业安全生产标准化证书样式

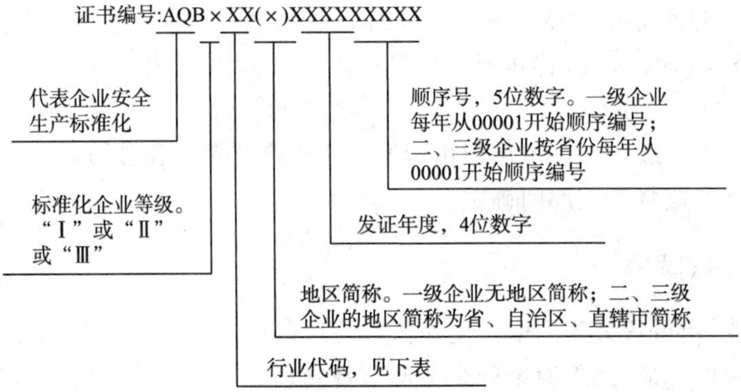

证书编号:AQB×XX(×)XXXXXXXXX

代表企业安全生产标准化

标准化企业等级。“Ⅰ”或“Ⅱ”或“Ⅲ”

行业代码，见下表

地区简称。一级企业无地区简称；二、三级企业的地区简称为省、自治区、直辖市简称

发证年度，4位数字

顺序号，5位数字。一级企业每年从00001开始顺序编号；二、三级企业按省份每年从00001开始顺序编号

行业代码表

序号	行业	代号
1	冶金	YJ
2	有色	YS
3	建材	JC
4	机械	JX
5	轻工	QG
6	纺织	FZ
7	烟草	YC
8	商贸	SM

例:2011 年的机械制造安全生产标准化一级企业:AQBⅠJX201100001。

2011 年的北京市机械制造安全生产标准化二级企业:AQBⅡJX 京 201100001。

2011 年的北京市机械制造安全生产标准化三级企业:AQBⅢJX 京 201100001。

“×级企业”中的“×”为“一”、“二”或“三”。

“(×××××)”中的“×××××”为行业和专业,如“冶金炼钢”或“冶金铁合金”等。

有效期为阿拉伯数字的年和月,如“2013 年 3 月”。

发证时间中的数字为中文简体大写,如“二〇一一年五月二十三日”。“〇”不应用阿拉伯数字“0”。

QR 二维条码图形为发证单位名称和证书印制编号,由证书印制单位发放空白证书时统一印制。

证书印制编号为 9 位数字编号和 1 位数字检验码。

企业名称

安全生产标准化

×级企业（×××××）

×××××××××颁发

国家安全生产监督管理总局监制

××××年××月

图 5-3 安全生产标准化牌匾样式

说明:“×级企业”中的“×”为“一”、“二”或“三”;

“(×××××)”中的“×××××”为行业和专业,如“冶金炼钢”或“冶金铁合金”等;

发证时间中的数字为中文简体大写,如“二〇一一年五月”。

5.4 证后监督

证后监督包括监督评审和管理,以及在特殊情况下组织评审。对在监督评审、管理和评审过程中发现的问题应及时进行处置。监督评审和评审程序应与对受评审方进行初次评审的程序一致。受评审方的认证证书有效期满时,可以提交复审,申请再次认证。

5.4.1 监督评审

1. 监督评审的目的

验证获证组织的企业安全生产标准化体系是否持续满足认证标准的要求。

2. 监督评审的要求

(1)在证书有效期内实施定期监督评审。对初次通过认证的组织的首次监督评审应在获得证书注册后6个月内进行,以后监督评审间隔不超过12个月。

(2)每次监督评审应派出正式评审组按初次现场评审的程序进行,但人数一般为初次现场评审的1/3。特殊情况需增加评审人数的,按实际评审天数计算。评审组必须有熟悉该专业的人员。

(3)监督评审可采用抽样方式进行。如获证组织分布于几个不同现场或组织内部不同场所，每次评审可针对不同情况进行抽样，但应确保在三年内覆盖全部现场或场所，其中对其总部或最高管理层的评审每年至少一次。

(4)每次监督评审可能涉及部分或全部的安全生产标准化要素，但每次对各个要素的评审应有所侧重，同时应复查初次评审或上次监督评审遗留问题、不符合纠正措施实施情况以及证书是否按规定使用。

(5)较之初次评审，监督评审的要求不仅不应放松，反而应适度从严。如果发现了与上次评审相同的问题，应考虑不符合性质的升级。

(6)在监督评审中，评审组仍应使用评审检查表，按评审计划进行，并做好评审记录；评审之后向委托方提交监督评审报告，作为保持认证资格的依据。

3. 监督评审的主要内容

(1)企业安全生产标准化安全方针、目标方面的持续有效性。

(2)评审结论的跟踪。

(3)为实现整体安全绩效的改进，企业安全管理方案的实施情况和成效。

(4)上次评审中发现的不符合所采取纠正措施的现场验证。

(5)安全生产标准化制度文件的修改调整。

(6)选定的其他评审内容。

监督评审同认证评审一样，可以采用审阅文件、查阅记录、现场观察、交谈及会谈的方式。需要指出的是，与企业安全管理者代表交谈是监督评审的重要内容之一，因为他们在企业安全生产标准化的建立、实施、维护、保持中起着核心的作用。

4. 监督评审结论

评审组提供的监督评审报告应对监督评审结果进行总结，做出评审结论。评审结论的主要内容包括：

(1)安全生产标准化是否得到正确的实施和保持；

(2)安全生产标准化体系能否正确保持适宜性和有效性；

(3)组织是否持续遵守安全生产标准的法律法规及其他要求，有无违法违规现象；

(4)不符合项是否影响体系运行的完整性、有效性，是否得到纠正；

(5)做出监督评审结论，即推荐认证保持、认证暂停或认证撤销三种结论之一。

取得安全生产标准化证书的企业，在证书有效期内发生生产安全事故累计造成的人员伤亡或经济损失符合下列规定，或发生其他造成较大社会影响的生产安全事故、存在隐瞒事故行为的，由原审核单位撤销其安全生产标准化企业称号：

一级企业，大型企业集团发生较大以上生产安全事故，或集团所属成员企业20%以上发生死亡生产安全事故；上市公司或行业领先企业发生人员死亡生产安全事故；

二级企业生产安全事故死亡超过2人；

三级企业生产安全事故死亡超过3人。

被撤销安全生产标准化称号的企业，应向原发证单位交回证书、牌匾。

5.4.2 复审

获准认证得受评审方在认证证书有效期内出现以下情况之一的，由认证机构组织复审。

(1)获准认证的受评审方可能影响组织的活动与运行的重大变更(例如组织所有权、人员或设备的改变等)。

(2)获准认证的受评审方发生了影响到其认证基础的更改(如认证标准变更、认证范围扩大或缩小等)。

(3)发生了重大安全事故。

复习思考题:

1. 企业申请安全生产标准化评审的必备条件是什么?
2. 企业进行安全生产标准化评审的考评程序有哪些?
3. 企业进行安全生产标准化评审的目的是什么?
4. 企业进行安全生产标准化评审的程序是什么,现场评审的步骤有哪些?
5. 企业取得安全生产标准化证书后如何对其进行监督?